Berichte aus dem Institut für Umformtechnik der Universität Stuttgart

Herausgeber: Prof. Dr.-Ing. K. Lange

61

Michael Blaich

Beitrag zum Ziehen von Blechteilen aus Aluminiumlegierungen

Mit 64 Abbildungen und 5 Tabellen

Springer-Verlag
Berlin Heidelberg New York 1981

Dipl.-Ing. Michael Blaich

Institut für Umformtechnik
Universität Stuttgart

Dr.-Ing. Kurt Lange

o. Professor an der Universität Stuttgart
Institut für Umformtechnik

D 93

ISBN-13: 978-3-540-11067-5 **e-ISBN-13: 978-3-642-81720-5**
DOI: 10.1007/978-3-642-81720-5

Softcover reprint of the hardcover 1st edition 1981

Gesamtherstellung: Drucken + Werben GmbH · Zettachring 12 · 7000 Stuttgart 80 (Fasanenhof-Industriegebiet) · Telefon (07 11) 715 69 06/07/08.

2362/3020—543210

GELEITWORT DES HERAUSGEBERS

Die Umformtechnik zeichnet sich durch sehr gute Werkstoffauswertung und hohe Mengenleistung in der Serienfertigung gegenüber anderen Fertigungsverfahren aus, wobei Beibehaltung der Masse, Änderung der Festigkeitseigenschaften während eines Vorgangs und elastische Rückfederung der Werkstücke nach einem Vorgang wesentliche Merkmale sind. Weiter sind die benötigten Kräfte, Arbeiten und Leistungen sehr viel größer als z.B. bei spanenden Verfahren. Die sichere Beherrschung eines Verfahrens in der industriellen Fertigung und die zunehmende Forderung nach Vermeidung bzw. Minimierung spanender Nacharbeit erzwingen die geschlossene Betrachtung des Systems "Umformende Fertigung" unter zentraler Berücksichtigung plastizitätstheoretischer, werkstoffkundlicher und tribologischer Grundlagen.

Das Institut für Umformtechnik der Universität Stuttgart stellt entsprechend Forschung und Entwicklung zum einen auf die Erarbeitung von Grundlagenwissen in diesen Bereichen ab, zum anderen untersucht und entwickelt es Verfahren unter Anwendung spezieller Meßtechniken mit dem Ziel einer genauen quantitativen Ermittlung des Einflusses der Parameter von Vorgang, Werkstoff, Werkzeug und Maschine. Die Behandlung von Problemen des Maschinenverhaltens, der Maschinenkonstruktion sowie der Werkzeugauslegung und -beanspruchung, der Auswahl hochbeanspruchbarer, verschleißfester Werkzeugbaustoffe und schließlich der Tribologie gehört entsprechend ebenfalls zum Arbeitsgebiet, das durch die Erfassung organisatorischer und betriebswirtschaftlicher Fragen abgerundet wird.

Im Rahmen der "Berichte aus dem Institut für Umformtechnik" erscheinen in zwangloser Folge jährlich mehrere Bände, in denen über einzelne Themen ausführlich berichtet wird. Dabei handelt es sich vornehmlich um Abschlußberichte von Forschungsvorhaben, Dissertationen, aber gelegentlich auch um andere Texte. Diese Berichte sollen den in der Praxis stehenden Ingenieuren und Wissenschaftlern zur Weiterbildung dienen und eine Hilfe bei der Lösung umformtechnischer Aufgaben sein. Für die Studierenden bieten sie die Möglichkeit zur Vertiefung der Kenntnisse. Die seit zwei Jahrzehnten bewährte freundschaftliche Zusammenarbeit mit dem Springer-Verlag sehe ich als beste Voraussetzung für das Gelingen dieses Vorhabens an.

Kurt Lange

Vorwort

Die vorliegende Arbeit entstand während meiner Tätigkeit am Institut für Umformtechnik der Universität Stuttgart.

Herrn Professor Dr.-Ing. K. Lange danke ich sehr herzlich für seine großzügige Förderung, seine stete Unterstützung und zahlreichen Anregungen während der Anfertigung dieser Arbeit.

Herrn Professor Dr.-Ing. H. Dietmann bin ich für das dieser Arbeit entgegengebrachte Interesse, die eingehende Durchsicht und wertvolle Hinweise dankbar.

Darüber hinaus bin ich Herrn Dipl.-Ing. E. Dannenmann, Herrn Dr.-Ing. V. Hasek und Herrn Dr.-Ing. K. Pöhlandt für Ratschläge und kritische Diskussionen zu Dank verpflichtet. Ferner gilt mein Dank allen Mitarbeiterinnen und Mitarbeitern des Instituts für Umformtechnik, die zum Gelingen der Arbeit beigetragen haben.

Die Durchführung der Untersuchung wurde von der Deutschen Forschungsgesellschaft für Blechverarbeitung und Oberflächenbehandlung e. V. (DFBO) mit Mitteln des Bundesministers für Wirtschaft über die Arbeitsgemeinschaft industrieller Forschungsvereinigungen (AIF) gefördert. Allen Mitgliedern der DFBO und der Aluminium-Zentrale, die das Vorhaben ideell und materiell unterstützt haben, sei ebenfalls gedankt.

Stuttgart, Juli 1981 Michael Blaich

Inhaltsverzeichnis

Abkürzungsverzeichnis

Verwendete Größen, Formelzeichen und Einheiten

A	mm^2	Fläche
A_g	%	Gleichmaßdehnung
A_5, A_{10}	%	Bruchdehnung
a	mm	Abstand
b_z	mm	Ziehleistenbreite
C	N/mm^2	Werkstoffkonstante
d	mm	Durchmesser
F	kN	Kraft
F_{Bs}	kN	Bremskraft in senkrechter Richtung
F_{Bw}	kN	Bremskraft in waagrechter Richtung
h_Z	mm	Ziehleistenhöhe
k_f	N/mm^2	Fließspannung
l	mm	Hauptachsen der Ellipse
n	-	Verfestigungsexponent
p_N	N/mm^2	Niederhalterdruck
R	-	Korrelationskoeffizient
R_a	µm	arith. Mittenrauhwert
R_m	N/mm^2	Zugfestigkeit
R_p	µm	Glättungstiefe
$R_{p0,2}$	N/mm^2	Streckgrenze
R_t	µm	Rauhtiefe
r	mm	Radius
r	-	Kenngröße für senkr. Anisotropie
$\overline{r}$	-	mittlerer Wert der senkr. Anisotropie
Δr	-	Wert der ebenen Anisotropie
s_o	mm	Ausgangsblechdicke
u_Z	mm	Ziehspalt
v_{St}	mm/s	Stempelgeschwindigkeit
Z	%	Brucheinschnürung
β	-	Ziehverhältnis
ε	%	Dehnung
μ	-	Reibzahl
ν	mm^2/s	kin. Viskosität
φ	-	Umformgrad
$\dot{\varphi}$	s^{-1}	Umformgeschwindigkeit

Indices

max	maximal
N	Niederhalter...
R	Radial...
St	Stempel...
T	Tangential...
Z	Zieh-, Ziehkante...
0, 45, 90	Winkel zur Walzrichtung
0	Anfangs...
1	End...
1, 2, 3	Hauptrichtungen

Abkürzungen

FÄV	Formänderungsverteilung
GFK	Grenzformänderungskurve
KFB	Kraftbedarf
WR	Walzrichtung

0 Einleitung

Im Rahmen der Bemühungen um Einsparung von Energie besteht bei der Konstruktion von Kraftfahrzeugen unter anderem der Zwang zum Leichtbau. Dieses Ziel wird durch eine entsprechende Gestaltung der Bauteile ("konstruktiver Leichtbau") und/oder durch Verwendung von Werkstoffen mit geringerem spezifischem Gewicht oder höherer Festigkeit ("Werkstoff-Leichtbau") zu erreichen versucht. Derartige Überlegungen begründen das Interesse der Automobilindustrie am Einsatz von Blechteilen aus Aluminiumlegierungen [1 bis 5], obwohl zur Herstellung einer Masseneinheit Aluminium im Vergleich zu Stahl ein Vielfaches an Energie erforderlich ist (das 8,5fache nach [6], das 6,7fache nach [7]).
Die Verwendung von Blechen aus Aluminiumlegierungen im Karosseriebau ist bereits seit über 25 Jahren bekannt [4, 10]. Damals war die Verarbeitung von Legierungen geringer Festigkeit sehr aufwendig und somit auf kleine Stückzahlen im Bereich des Sonderkarosseriebaues beschränkt. Inzwischen konnten Legierungen mit guten Eigenschaften hinsichtlich statischer und dynamischer Festigkeit, Umformbarkeit und Punktschweißbarkeit entwickelt werden, die eine wirtschaftliche Großserienfertigung erlauben sollen [5].

Die Herstellung der für den Karosseriebau typischen großen unregelmäßigen Blechteile aus Stahl wurde in den letzten drei Jahrzehnten in immer größer werdenden Stückzahlen entwickelt. Dabei wurden sowohl die Stahlbleche als auch die Fertigungsverfahren und -einrichtungen ständig verfeinert und verbessert. Der auf diese Weise erworbene Erfahrungsschatz ist jedoch nicht ohne weiteres auf die Verarbeitung von Blechen aus Aluminiumlegierungen übertragbar. Die Erkenntnis, daß Konstruktion und Fertigung von vornherein auf den Werkstoff Aluminium abzustimmen sind, ist in den gegenüber Stahl anderen Eigenschaften wie z. B. Zugfestigkeit, Härte, Elastizitätsmodul oder Umformbarkeit begründet [2]. Gerade wegen der Schlüsselstellung der Umformverfahren innerhalb des Fertigungsablaufes zwingen die gegenüber Stahlblech anderen Umformeigenschaften zur optimalen Durchführung der Ziehvorgänge, d. h. alle Vorgangsparameter sind so einzustellen, daß die bei den gegebenen Eigenschaften dieser Legierungen vorhandenen Möglichkeiten bestmöglich ausgenutzt werden. Aus dem Schrifttum (siehe Kapitel 1) ist zu entnehmen, daß der Einfluß der Werkstoffeigenschaften und die Auswirkungen der einzelnen Vorgangsparameter beim Ziehen von Blechteilen aus Stahl weitgehend und für Reinaluminium teilweise bekannt sind, während entsprechende Angaben für Aluminiumlegierungen, besonders für die in jüngster Zeit entwickelten Legierungen, nur spärlich anzutreffen sind.

Deshalb wurden in einer systematisch angelegten Untersuchung zur Optimierung des Ziehens von Blechteilen aus Aluminiumlegierungen die Einflüsse von Werkstück, Werkzeug und Vorgang einschließlich Schmierung auf das Ziehergebnis untersucht. Die daraus gewonnenen Ergebnisse sollen in den Bereichen Konstruktion, Fertigungsvorbereitung und im Preßwerk selbst als Hinweise für eine möglichst fertigungsgerechte Gestaltung der Ziehteile und für eine zweckmäßige Festlegung der Fertigungsbedingungen dienen.

Darüber hinaus sind sie von wissenschaftlichem Interesse, da nur wenige Erkenntnisse aufgrund umfassender Untersuchungen über das Verhalten von Aluminiumwerkstoffen vorliegen. Mit Rücksicht auf das aus dem Schrifttum bekannte, gegenüber Stahl unterschiedliche Verhalten von Aluminiumwerkstoffen mußte eine breit angelegte Untersuchung zur Erfassung der plastischen Eigenschaften einen wesentlichen Teil der gesamten Untersuchung umfassen.

1 Stand der Kenntnisse

1.1 Aluminiumblechwerkstoffe

Die derzeit in DIN 1745 genormten, handelsüblichen Bleche aus Aluminium und Aluminiumlegierungen können in Reinaluminium, nicht aushärtbare (naturharte) Legierungen und aushärtbare Legierungen unterteilt werden (Bild T 1).
Bleche aus Reinaluminium zeichnen sich durch sehr gutes Umformvermögen bei geringer Härte und Festigkeit aus. Die durch Umformen wie z. B. Kaltwalzen erzielbaren Festigkeitssteigerungen sind mit einer relativ starken Versprödung verbunden, was die Anwendungsmöglichkeiten erheblich einschränkt.
Naturharte Legierungen erfahren durch Zusätze, überwiegend Magnesium und/oder Mangan, eine Erhöhung der Festigkeit. Beim Legierungstyp AlMg steigen Zugfestigkeit, Streckgrenze und Verfestigungsexponent mit dem Legierungsgehalt bis ca. 5 Gew.-% Mg an, während die Brucheinschnürung linear abnimmt und die Bruch- und Gleichmaßdehnung ab etwa 1,5 Gew.-% Mg konstant bleiben [9].

	Nicht aushärtbare Legierungen	Aushärtbare Legierungen
Legierungssysteme	Al - Mg Al - Mn Al - MgMn	Al - MgSi Al - CuMg Al - ZnMg Al - ZnMgCu
Festigkeitssteigerung	Legierungsverfestigung Kaltverfestigung	Aushärtung

Bild T 1: Legierungssysteme des Aluminiums und Möglichkeiten der Festigkeitssteigerung [8].

Bei aushärtbaren Legierungen sinkt die Löslichkeit eines Legierungsbestandteils mit abnehmender Temperatur. Durch eine Wärmebehandlung, Lösungsglühen/Abschrecken/Warm- oder Kaltauslagern, kann ein stabiler Zustand mit relativ hohen Festigkeitskennwerten erreicht werden. Die wichtigsten aushärtbaren Legierungstypen sind AlMgSi, AlCuMg, AlZnMg und AlZnMgCu.

Im Hinblick auf Gebrauchseigenschaften wie Festigkeit, Dauerfestigkeit, Korrosionsbeständigkeit und auf Verarbeitungseigenschaften wie Umformbarkeit, Schweißbarkeit und Lackierbarkeit werden derzeit von der naturharten Gruppe der Typ AlMg und von der aushärtbaren Gruppe der Typ AlMgSi als beste Kompromisse betrachtet [5, 9 bis 12].

1.2 Beurteilung des Umformverhaltens von Blechwerkstoffen

Das Umformverhalten metallischer Werkstoffe wird üblicherweise anhand der im Zugversuch bestimmbaren Kennwerte beurteilt [13]. Im einzelnen werden Fließkurve und Verfestigungsexponent, Streckgrenze und Zugfestigkeit, Gleichmaß- und Bruchdehnung sowie die Brucheinschnürung ermittelt. Die Fließkurven können für viele Werkstoffe wie z. B. unlegierte oder niedriglegierte Stähle durch die Funktion $k_f = C \cdot \varphi^n$ angenähert werden, diese stellt im doppeltlogarithmischen Koordinatensystem eine Gerade dar, deren Steigung dem Verfestigungsexponenten n entspricht (Bild T 2). Es kann gezeigt werden, daß der Verfestigungsexponent von Stahl gleich dem Umformgrad bei Gleichmaßdehnung ist [14, 87].
Bei Blechen wird darüber hinaus die Richtungsabhängigkeit der Eigenschaften durch die Werte der mittleren senkrechten und ebenen Anisotropie beschrieben. Der Wert der senkrechten Anisotropie wird im Zugversuch als Verhältnis der Umformgrade in Breiten- und Dickenrichtung bestimmt (Bild T 2). Wegen seiner Abhängigkeit vom Winkel zur Walzrichtung werden die Unterschiede zwischen 0 °, 45 ° und 90 ° durch den Wert der ebenen Anisotropie und der Mittelwert durch den Wert der mittleren senkrechten Anisotropie beschrieben.

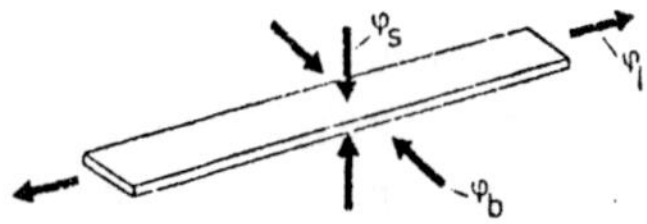

	Verfestigungsexponent n	Anisotropie r
Definition	Fließkurve $k_f = c \cdot \varphi_l^{\,n}$	$r = \frac{\varphi_b}{\varphi_s} = \frac{\ln b_1/b_0}{\ln s_1/s_0}$
Bestimmung	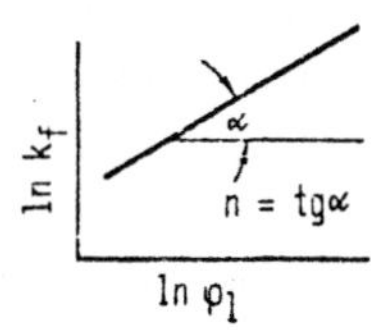	senkrechte Anisotropie $r = \frac{\varphi_b}{\lvert\varphi_l\rvert + \lvert\varphi_b\rvert}$ mittl. senk. Anis. $\bar{r} = \frac{1}{4}(r_0 + r_{90} + 2r_{45})$ ebene Anisotropie $\Delta r = \frac{1}{2}(r_0 + r_{90} - 2r_{45})$

Bild T 2: Definition des Verfestigungsexponenten und des Wertes der senkrechten Anisotropie [16].

Mit Ausnahme der Brucheinschnürung Z sind alle Kennwerte aus dem Zugversuch mit dem Nachteil behaftet, daß sie unter einachsigem Spannungszustand ermittelt wurden, der mit den bei Umformverfahren auftretenden mehrachsigen Spannungszuständen nur bedingt vergleichbar ist [14].
Aus der Vielzahl der verfahrensbezogenen Prüfverfahren wie z. B. Tiefungsversuch nach Erichsen entsprechend DIN 50101 oder Näpfchen-Tiefziehprüfung nach Swift [15] ist keine Methode zur Ermittlung eines allgemeinen, die Umformeignung kennzeichnenden Wertes geeignet, weil die Merkmale praktischer Umformvorgänge wie Tiefziehen, Streckziehen oder Biegen nur teilweise nachgeahmt werden. Für eine einigermaßen sichere Beurteilung wird deshalb eine Prüfung nach mehreren Methoden notwendig [14]. Dies ist wohl unter anderem ein Grund dafür, daß die Kennwerte aus dem Zugversuch trotz des relativ großen Aufwandes bei der Ermittlung fast immer zur Beschreibung des Umformverhaltens von Stahl- und Aluminiumblechen herangezogen werden [16 bis 19].
Die Bedeutung der Kennwerte aus dem Zugversuch für die Eignung zum Tief- und Streckziehen ist unterschiedlich. Ein niedriges Ver-

hältnis von Streckgrenze zu Zugfestigkeit begünstigt das Tiefziehen zylindrischer Teile in relativ geringem Maße [20, 21], während eine hohe Gleichmaß- und Bruchdehnung direkt auf ein großes Formänderungsvermögen hinweisen. Dasselbe gilt für die Brucheinschnürung, die z. B. beim scharfkantigen 180°-Biegen mindestens 50 % betragen sollte [22]. Ebenfalls große Bedeutung kommt der Fließkurve bzw. dem Verfestigungsexponenten zu. Durch eine große Verfestigung und die dabei vorhandene große Gleichmaßdehnung (s. o.) wird eine gleichmäßige Formänderungsverteilung und somit ein Abbau von Beanspruchungsspitzen bewirkt [16]; das wirkt sich auch beim Streck- und Tiefziehen günstig aus. Ein hoher Wert der senkrechten Anisotropie wirkt sich beim Tiefziehen in einer geringeren Wanddickenverminderung im Bereich des Übergangs vom Boden zur Zarge und gleichzeitig in einer Verringerung der erforderlichen Ziehkraft aus. Dies begründet die Zunahme des Grenzziehverhältnisses mit steigendem r-Wert, die sowohl für Stahl- als auch für Aluminiumbleche mehrfach festgestellt wurde [23 bis 25, 27, 30]. Es wird aber auch vermutet [26], daß bei Aluminiumlegierungen dem Verfestigungsexponenten besondere Bedeutung zukommt, während der r-Wert keinen Einfluß auf die Umformbarkeit haben soll.

Bei der Werkstoffauswahl für unregelmäßige Ziehteile ist je nachdem, ob der Streckzieh- oder der Tiefziehanteil überwiegt, dem Verfestigungsexponenten oder der mittleren senkrechten Anisotropie mehr Gewicht beizumessen.

Diese Erkenntnisse wurden fast ausschließlich aus Untersuchungen mit Stahlblechen abgeleitet. Für Aluminiumlegierungen bestehen tendenziell ähnliche Verhältnisse zwischen Werkstoffkennwerten und Umformverhalten, wobei sich der üblicherweise gegenüber Stahl höhere Verfestigungsexponent und die wesentlich niedrigere senkrechte Anisotropie in einem geringerem Umformvermögen auswirken [28 bis 32]. Dies wird später noch deutlich werden.

Zu diesen "klassischen" Werkstoffkennwerten kam in jüngerer Zeit die Grenzformänderungskurve (GFK) hinzu, aus der diejeni-

gen Hauptformänderungskombinationen in der Blechebene abzulesen sind, bei welchen ein Versagen durch Einschnüren oder Bruch zu erwarten ist. Der Verlauf der Grenzformänderungskurve ist gekennzeichnet durch ein Minimum im Bereich $\varphi_2 = 0$. Die Ordinate ($\varphi_2 = 0$) stellt einen ebenen Formänderungszustand dar, der durch einen dreiachsigen Spannungszustand entsteht. Die Lage dieser Grenzkurve hängt von dem für die Aufnahme gewählten Verfahren, den dabei zur Messung der Foränderungen verwendeten Kreisdurchmessern und von weiteren Parametern wie z.B.Blechdicke,Lage der Probe zur Walzrichtung oder Schmierstoff ab(z.B.[33],Bild T 3 links). Darüber hinaus beeinflußt der Formänderungsweg den Verlauf der Grenzformänderungskurve. Bei ihrer Ermittlung ist man deshalb bestrebt, einen linearen Formänderungsweg zu beschreiten, d. h. das Verhältnis $d\sigma_1/d\sigma_2$ bzw. $d\varphi_1/d\varphi_2$ konstant zu halten. Starke Abweichungen von dieser Voraussetzung bewirken eine Verschiebung der Grenzformänderungskurve zu höheren bzw. niedrigeren Werten (Bild T 3 rechts).
Die Grenzkurven von Werkstoffen mit deutlich unterschiedlichen Grenzziehverhältnissen unterscheiden sich oft nur wenig voneinander [17]. Deshalb ist die Grenzformänderungskurve zur Beurteilung des Formänderungsvermögens verschiedener Werkstoffe nur bedingt geeignet. Große Bedeutung kommt ihr hingegen im Rahmen der Formänderungsanalyse zu, bei der ein Vergleich mit tatsächlich auftretenden Formänderungen durchgeführt wird. Daraus kann beurteilt werden, ob eine ausreichende Fertigungssicherheit vor-

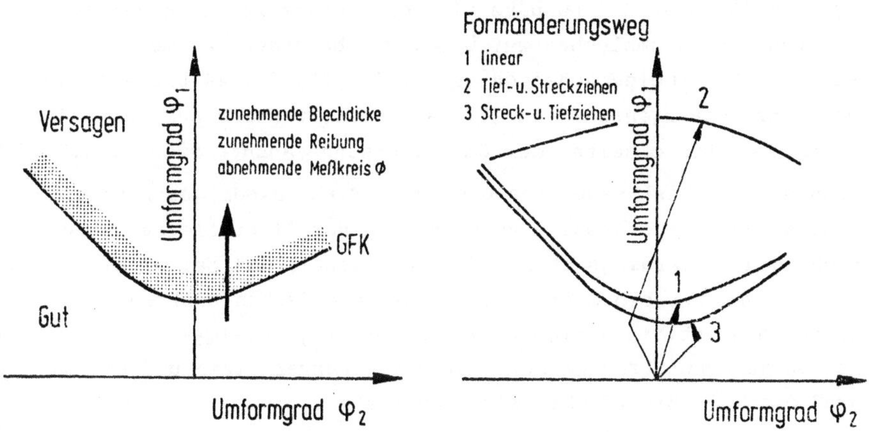

Bild T 3: Beeinflussung der Grenzformänderungskurve (schematisch).

handen ist oder ob durch geeignete Maßnahmen wie z. B. Änderung des Werkstückwerkstoffes oder der Vorgangsparameter eine Verbesserung der Fertigungsbedingungen notwendig ist [34, 35].

1.3 Ziehen von Blechteilen aus Aluminiumlegierungen

Das Ziehen von unregelmäßigen Blechteilen wie z. B. Karosserieteilen ist meist eine Kombination aus Tief- und Streckziehen. Entsprechend der Einteilung der Umformverfahren in DIN 8582 handelt es sich um Verfahren des Zug- und Zug-Druck-Umformens. Die Grundlagen dieser Verfahren sind in [36] zusammengefaßt.

Die von den klassischen Handbüchern (z.B.[37 bis 42, 52, 53]) empfohlenen Richtwerte für die Parameter beim Ziehen von Blechteilen aus Aluminiumlegierungen unterscheiden sich oft nur wenig von jenen für Stahlblech. Die Angaben beziehen sich meist auf Reinaluminium (Al 99,5) oder niedriglegierte Werkstoffe, die sich durch gutes Umformvermögen auszeichnen. Z. B. wurden für Al 99,5 und AlMn bei einem relativen Stempeldurchmesser $d_{St}/s_o \approx 50$ Grenzziehverhältnisse ermittelt, die etwa 10 % unter jenen für Stahlblech liegen [43]. Mit zunehmendem relativem Stempeldurchmesser, d. h. mit relativer Blechdickenabnahme s_o/d_o verringern sich die Unterschiede zwischen Stahl und den Aluminiumlegierungen.

Erst in jüngerer Zeit wandte sich das Interesse den höher legierten Aluminiumblechen zu, wobei die besondere Aufmerksamkeit den Umformeigenschaften [9 bis 13, 31, 32, 44 bis 46] und den Gebrauchseigenschaften [47, 48] galt, während nur selten Angaben über Einzelheiten der Umformvorgänge anzutreffen sind.

Grundsätzlich ist wegen des gegenüber Stahl niedrigeren Elastizitätsmoduls eine größere Rückfederung der Ziehteile zu berücksichtigen. Allerdings stimmt die Faustregel, daß bei einem E-Modul von nur einem Drittel mit der dreifachen Rückfederung zu rechnen ist, in vielen Fällen nicht [49]. Vielmehr können je nach Streckgrenze, Verfestigungsverhalten und Umformgrad die 1,5- bis 4fachen Werte auftreten.

Aus Versuchen mit einem Modell-Karosserieteil ergab sich, daß Bleche aus Aluminiumlegierungen in für Stahl ausgelegten Werk-

zeugen umgeformt werden können [54]. Allerdings wird darauf hingewiesen, daß der Niederhalterdruck und die Bremswirkung der Ziehleisten verringert werden sollten, damit mehr Werkstoff aus dem Bereich des Flansches nachfließen kann. Darüber hinaus werden größere Radien und flachere Übergänge bei den Ziehteilen empfohlen.
Andere Untersuchungen [2], in denen bei Karosserieteilen Stahl durch Aluminium ersetzt wurde, kamen zu ähnlichen Ergebnissen. Es wurde jedoch empfohlen, die Konstruktion von Werkzeug und Bauteil von Anfang an auf Aluminium abzustimmen.

Neben den werkzeug- und werkstückseitigen Parametern wird dem Schmierstoff und der Oberfläche des Werkzeugs besondere Bedeutung beigemessen. Zur Vermeidung von Kaltverschweißungen bzw. Werkstoffübertrag vom Werkstück auf die Werkzeugoberfläche werden das Polieren des Werkzeugs [50], die Verwendung von nitrierten Werkzeugen oder Hartmetallen [51] empfohlen. Bei Werkzeugen mit großen Abmessungen wird der Einsatz von Hartmetallen aus Kostengründen ausscheiden. Bei dünnen Blechen sollen sich dünnflüssige Schmierstoffe günstig auswirken [50], wobei keine Eingrenzung dieses Blechdickenbereichs erfolgt. Dagegen wurden bei dickeren Blechen mit dickflüssigen Schmierstoffen auf Talg- oder Wachsbasis bessere Ergebnisse erzielt.
Zum Teil werden auch Folien aus Kunststoff (z. B. PVC) verwendet, die bereits im Walzwerk auf die Bleche aufgebracht werden. Damit läßt sich beim Ziehen eine höhere Fertigungssicherheit erzielen und daneben ein Schutz der Oberfläche vor Beschädigungen wie z. B. Kratzern erreichen. Das Aufbringen und Entfernen der Folie sowie die Folie selbst verursachen jedoch Kosten, was als großer Nachteil anzusehen ist.

Insgesamt sind die Kenntnisse über das Ziehen von Blechteilen aus Aluminiumlegierungen lückenhaft, vor allem fehlt eine systematische Untersuchung, die alle Verfahrensparameter geschlossen betrachtet.

2 Optimierung des Ziehens von Blechteilen

2.1 Ziele und Möglichkeiten der Optimierung

Wirtschaftlichkeit bedeutet bei der Erzeugung von Werkstücken mit bestimmten Eigenschaften Minimierung des dazu notwendigen Aufwandes bzw. der Kosten. Diese Kosten setzen sich aus den Anteilen für den Werkstoff und die Fertigung zusammen. Die Werkstoffkosten sind u. a. auch durch die Verteuerung der Energie gestiegen. Der hohe Energieaufwand zur Herstellung des Werkstoffs läßt somit nur eine Fertigung mit einer hohen Stoffausnutzung bzw. einem minimalen Stoffeinsatz wirtschaftlich erscheinen [7].

Die Wahl des Werkstoffs wird in erster Linie von den Gebrauchseigenschaften des Bauteils bestimmt (Bild T 4), wobei zu berücksichtigen ist, daß sich auch das Fertigungsverfahren auf die Gebrauchseigenschaften auswirken kann. Oftmals entstehen Schwierigkeiten, wenn der wegen seiner Eigenschaften ausgewählte Werkstoff nur unzureichend für die Verarbeitung durch das bzw. die Fertigungsverfahren geeignet ist. Daraus ergibt sich die Aufga-

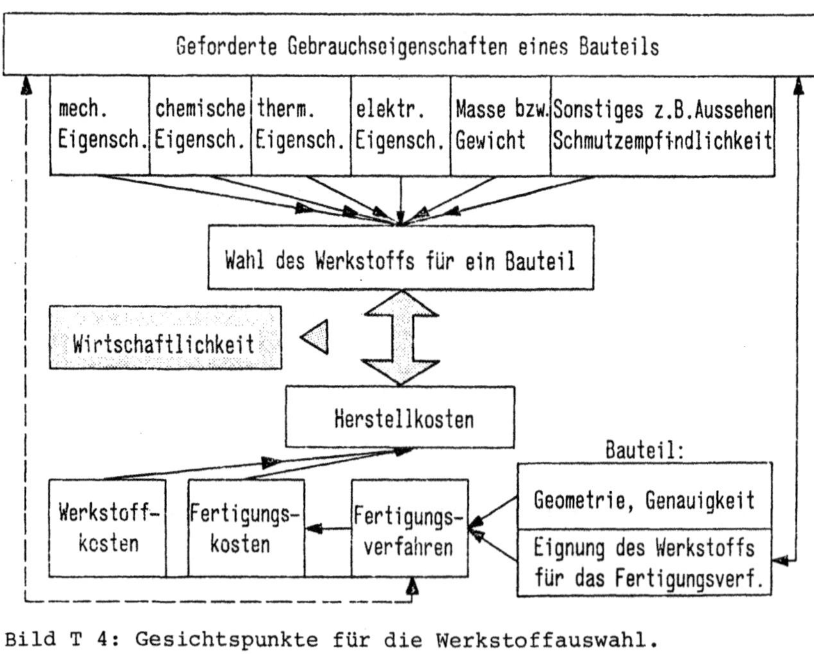

Bild T 4: Gesichtspunkte für die Werkstoffauswahl.

be zur Optimierung des Fertigungsverfahrens: Bei seiner Planung und Durchführung sind alle Parameter im Hinblick auf den Vorgang und die Werkstückeigenschaften optimal zu wählen. Dies ist aber nur dann möglich, wenn die Einflüsse der einzelnen Parameter wenigstens qualitativ, möglichst auch quantitativ bekannt sind.

In Anlehnung an ein System zur Betrachtung von Umformvorgängen [55, 56] können diese Parameter den Bereichen Werkstück, Wirkfuge, Werkzeug und Maschine zugeordnet werden. Im Hinblick auf die Optimierung ist bei den einzelnen Parametern zu unterscheiden, ob sie durch Geometrie und Eigenschaften des Werkstücks festgelegt oder zur Optimierung des Fertigungsverfahrens innerhalb gewisser Grenzen frei wählbar sind. Die beim Ziehen von Blechteilen üblicherweise auftretenden Parameter sind unter diesen Gesichtspunkten in Bild T 5 zusammengestellt.

Parameter	Von Werkstückgeometrie bzw. -eigenschaften meist festgelegt	Zur Optimierung meist frei wählbar (innerhalb gewisser Grenzen)
Werkstück	Ziehverhältnis ↔	Zuschnittsform
	Bodenform (Stempelkantenradius)	
	Werkstoff →	
	Oberflächenbeschaffenheit d. Bleches	
Wirkfuge		Schmierstoff
		Oberflächenbeschaffenheit d. Werkzeugs
Werkzeug		Werkstoff
	bei Teilen mit Flansch festgelegt ←	Ziehkantenradius
	je nach erf. Maßgenauigkeit festgelegt ←	Ziehspalt
		Ziehleisten (Geometrie, Anordnung)
Maschine		Niederhalterdruck
		Stößelgeschwindigkeit

Bild T 5: Möglichkeiten zur Optimierung des Ziehens von Blechteilen.

Über die Bodenform des Werkstücks ist der Stempelkantenradius meist festgelegt (Bild T 6). Ebenso ist das Ziehverhältnis aufgrund der Ziehteilhöhe vorgeschrieben. Die Zuschnittsform kann in gewissen Fällen wie z.B. bei unregelmäßigen Teilen frei gewählt werden, freilich innerhalb enger Grenzen und mit Rückwirkungen auf das Ziehverhältnis. Die geforderten Werkstückeigenschaften bestimmen den Werkstoff, wobei komplizierte Teile oftmals die Verwendung von Blechen mit "besseren" Umformeigenschaften notwendig machen.

Im Übergangsbereich vom Werkstück zur Wirkfuge ist die Oberflächenbeschaffenheit des Blechs meist vom Walzwerk her vorgegeben. Beim Schmierstoff besteht im Grunde freie Wahl, die lediglich durch Randbedingungen wie Entfernbarkeit, Geruchsbelästigung oder ähnliches eingeschränkt wird. Die Oberflächenbeschaffenheit des Werkzeugs, zwischen Wirkfuge und Werkzeug angeordnet, ist innerhalb der Möglichkeiten von Werkzeugbau und Oberflächenbehandlungsverfahren frei wählbar.

Dasselbe gilt für den Werkzeugwerkstoff, während Ziehkantenradius und Ziehspalt bei Teilen mit Flansch, d. h. bei nicht durchgezogenen Teilen, bzw. je nach erforderlicher Maßgenauigkeit festgelegt sein können. Bei großen unregelmäßigen Blechteilen ist die Verwendung von Ziehleisten von großer Bedeutung. Anordnung und Anzahl können im Bereich des Flansches den Erfordernissen entsprechend vorgesehen werden. Gleiches gilt für die Geometrie, sofern nicht durch eine betriebliche Normung von Höhe und Breite der Ziehleisten Einschränkungen bestehen.

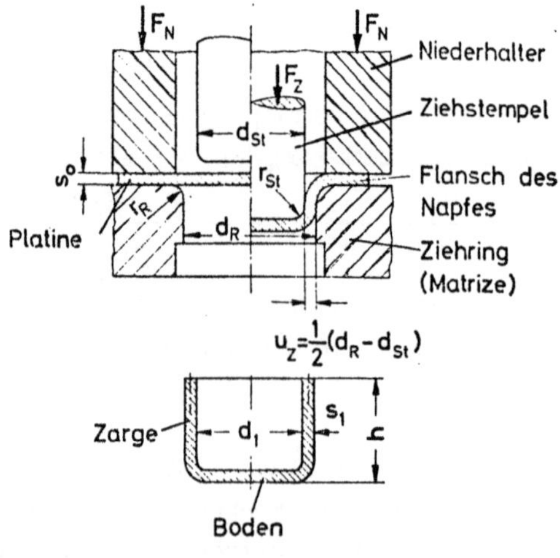

Bild T 6: Prinzip des Tiefziehens.

Von den maschinenseitigen Einflußgrößen sind hier nur die Niederhalterkraft und die Stößelgeschwindigkeit betrachtet, die innerhalb des konstruktiv vorgesehenen Bereichs beliebig einstellbar sind. Andere maschinenseitige Kennwerte wie z. B. Steifigkeit oder Führungsgenauigkeit sind für eine bestimmte Maschine fest vorgegeben und werden deshalb nicht mit in diese Betrachtung einbezogen.

2.2 Experimentelle Untersuchungen mit Blechen aus Aluminiumlegierungen

Ausgehend von diesen Überlegungen wurde für eine systematische Untersuchung mit Blechen aus Aluminiumlegierungen ein Versuchsplan aufgestellt, der nahezu alle in Bild T 5 aufgeführten Parameter berücksichtigte. Lediglich die Oberflächenbeschaffenheit von Werkzeug und Werkstück und der Werkzeugwerkstoff konnten nicht variiert werden.
Die Untersuchung gliedert sich in drei Abschnitte:

1. Bestimmung der Werkstoffeigenschaften (Ergebnisse in Kap. 3)
2. Ziehen von kreisrunden Näpfen mit 125 mm Innendurchmesser (Ergebnisse in Kap. 4)
3. Ziehen von quadratischen Ziehteilen mit Flansch (Seitenlänge 200 mm) (Ergebnisse in Kap. 4).

Die Untersuchung der Parameter wurde deshalb gezielt an kreisrunden Näpfen und quadratischen Ziehteilen durchgeführt, weil dafür bereits Ergebnisse aus einer Untersuchung an Stahlblech vorlagen, wodurch zum Teil ein Vergleich möglich wurde [61] (s. Kap. 5). Dabei wurden der Kraftbedarf des Vorgangs und die Formänderungsverteilung der Ziehteile als Zielgrößen der Optimierung bewertet.

In Zusammenarbeit mit Herstellern und Verarbeitern von Aluminiumblechen wurden die naturharten Legierungen AlMg 2,5 und AlMg 5 sowie die aushärtbare Legierung AlMg 0,4 Si 1,2 ausgewählt. Mit Rücksicht auf die vorhandenen Ziehwerkzeuge wurde eine Blechdicke von 1,0 mm festgelegt. Lediglich in Vorversu-

chen wurde auch die Blechdicke 1,25 mm betrachtet.
Zur Untersuchung der insgesamt 14 Einflußgrößen wurden über 150 kreisrunde Näpfe und über 300 quadratische Ziehteile gezogen. Einschließlich der zur Aufnahme der Werkstoffkennwerte notwendigen Proben wurden dazu über 200 kg Aluminiumbleche verbraucht.
Die Zahl der zu untersuchenden Einflußgrößen und der relativ große Aufwand bei der Auswertung, besonders bei der Ermittlung der Formänderungsverteilungen, erlaubten nur einen Versuch je Parameterkombination. Zur Absicherung der Versuchsergebnisse wurde der Versuchsplan so ausgelegt, daß jeweils eine Einflußgröße parallel in mindestens zwei verschiedenen Einstellungen untersucht wurde. So wurde z.B. der Einfluß der Bodenform bei drei Werkstoffen betrachtet, der Niederhalterdruck bei unterschiedlichen Zuschnittsformen oder der Ziehkantenradius bei zwei Bodenformen und drei Werkstoffen. Damit wurde zwar die Absicherung des Einzelergebnisses nicht verbessert, aber insgesamt konnten die Auswirkungen mindestens qualitativ mehrfach bestätigt werden.

2.2.1 Versuchsplan

2.2.1.1 Werkstoffkennwerte

Die mechanischen Eigenschaften wurden in Zugversuchen mit Proben, die den Blechtafeln unter 0°, 45° und 90° zur Walzrichtung entnommen waren , ermittelt. Im einzelnen handelt es sich um Zugfestigkeit, Streckgrenze, Gleichmaßdehnung, Bruchdehnung und -einschnürung sowie um die Werte der senkrechten und ebenen Anisotropie. Die Bestimmung von Fließkurven und Verfestigungsexponenten erfolgte sowohl im Zugversuch als auch im hydraulischen Tiefungsversuch. Die zur Formänderungsanalyse erforderlichen Grenzformänderungskurven wurden nach der Methode von Hasek [33] durch Tiefen von kreisrunden Platinen mit seitlichen Ausschnitten aufgenommen (Bild T 7). Für Grenzformänderungskurven und Gleichmaßdehnung wurde überprüft, ob ein Einfluß der Umformgeschwindigkeit besteht. Dazu wurde die Zug- bzw. Tiefungsgeschwindigkeit zwischen 0,083 $mm \cdot s^{-1}$ und 5 $mm \cdot s^{-1}$ variiert. Die Beschreibung der Blechwerkstoffe wurde mit den die Oberflächenbeschaffenheit kennzeichnenden Größen Rauhtiefe, arithmetischer Mittenrauhwert und Glättungstiefe abgeschlossen.

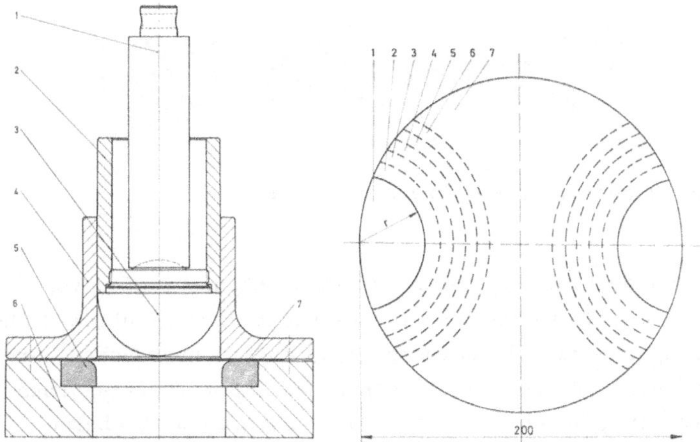

1 Stempelschaft, 2 Stempelhülse, 3 Stempelkopf, 4 Niederhalter, 5 Ziehring, 6 Grundplatte, 7 Platine

Nr.	1	2	3	4	5	6	7
r[mm]	0	40	50	57,5	65	72,5	80

Bild T 7: Werkzeug und Probengeometrie zur Aufnahme der Grenzformänderungskurve [33].

2.2.1.2 Ziehen von kreisrunden Näpfen

Beim Ziehen von kreisrunden Näpfen wurden für die ausgewählten Werkstoffe Ziehverhältnisse zwischen $\beta = 1,5$ und dem Grenzziehverhältnis betrachtet. Die Untersuchung der übrigen Parameter erfolgte bei einem Ziehverhältnis $\beta = 1,9$. In Vorversuchen wurde festgestellt, daß dieses Ziehverhältnis einerseits in der Nähe der Verfahrensgrenze liegt, andererseits auch bei der ungünstigsten Vorgangseinstellung nicht zu Bodenreißern führt.

Die Stempelkantenrundung als werkzeugseitiger Parameter ist durch die Geometrie des Werkstücks (Bodenform) vorgegeben, deshalb wurde die Bodenform in diesem Fall der Gruppe der werkstückseitigen Parameter zugeordnet. Zur Ermittlung des Einflusses der

Bodenform wurden Näpfe mit Stempelkantenradien von 16 mm,25 mm, 40 mm und 62,5 mm (Halbkugelstempel)gezogen (Bild T 8). Alle übrigen Parameter wurden parallel bei Flach-und Halbkugelboden untersucht.

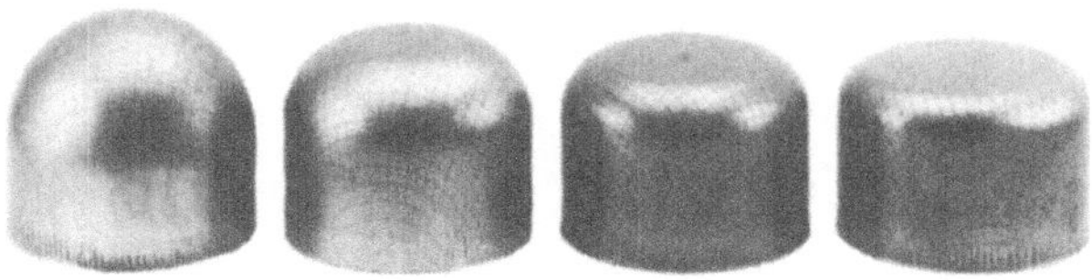

Bild T 8: Bodenformen der kreisrunden Näpfe.

Als werkzeugseitige Parameter wurden Ziehkantenradien von 6,3 mm, 10 mm, 16 mm und 25 mm untersucht. Der relative Ziehspalt u_Z/s_0 betrug üblicherweise 1,6, in Stichversuchen wurden Werte von 0,8 und 1,2 mit einbezogen. Der relativ große Ziehspalt wurde gewählt, um den Abstreckvorgang im oberen Bereich der Zarge, der mit einer Auslöschung des Liniennetzes verbunden ist, auf einen möglichst kurzen Bereich zu beschränken.
Für den Vergleich von Schmierstoffen wurden auf Anfragen an 7 Hersteller 25 verschiedene, fast ausschließlich handelsübliche Produkte empfohlen.
Nach der von Siebel [38, 43] angegebenen Beziehung wurde der Niederhalterdruck errechnet, wobei für die Berechnung der Niederhalterkraft jeweils die höheren Werte zugrunde gelegt wurden (siehe Abschnitt 4.4.1). Die Stößelgeschwindigkeit war auf 50 $mm \cdot s^{-1}$ eingestellt. Die Betrachtung des Geschwindigkeitseinflusses erfolgte mit den auf der gewählten Maschine möglichen Extremwerten 26 $mm \cdot s^{-1}$ und 96 $mm \cdot s^{-1}$.

2.2.1.3 Quadratische Ziehteile mit Flansch

Wie beim Ziehen der kreisrunden Näpfe wurden auch bei der Herstellung der quadratischen Ziehteile die einzelnen Parameter parallel bei verschiedenen Werkstoffen und verschiedenen Bodenformen untersucht (Bild T 9).

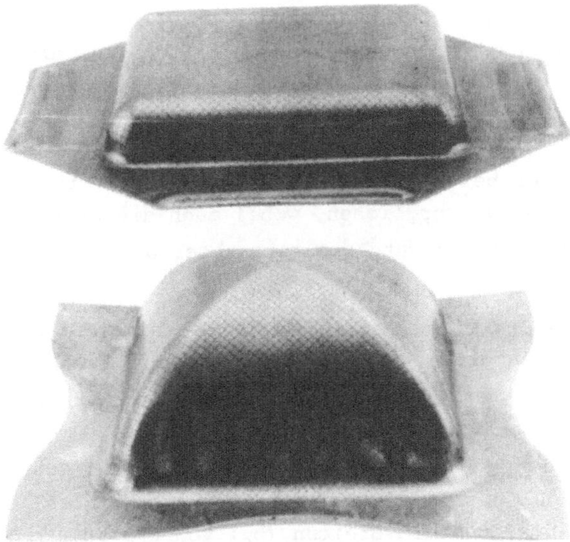

Bild T 9: Bodenformen der quadratischen Ziehteile.

In Vorversuchen wurden Zuschnittsformen ermittelt, die auch bei ungünstigen Parameterkombinationen eine angemessene Ziehtiefe erlaubten und bei welchen die Ziehleisten bis zum Ende des Vorgangs im Eingriff blieben. Diesen Bedingungen genügten ein Quadrat mit 340 mm Seitenlänge, zwei Achtecke, die durch Abschneiden der Ecken des Quadrats in einer Höhe von 35 mm bzw. 70 mm entstehen und ein Kreis mit 370 mm Durchmesser (Bild T 10). Für diese Zuschnittsformen ergaben sich Ziehtiefen von 30,5 mm bei Teilen mit flachem Boden und 96 mm bei Teilen mit halbkugelförmigem Boden. Infolge der stark unterschiedlichen Vorgangs-

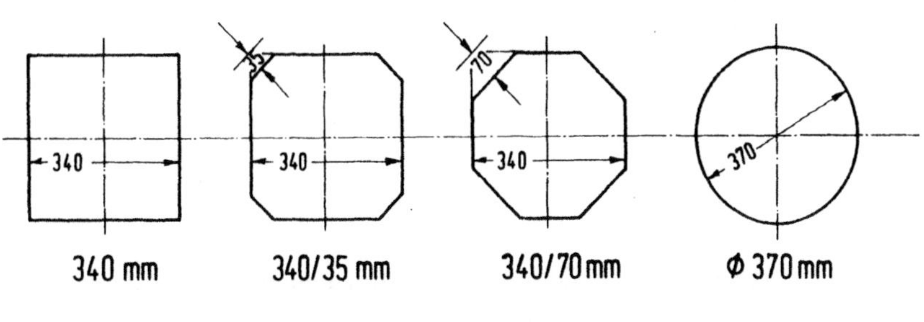

Bild T 10: Zuschnittsformen beim Ziehen von quadratischen Teilen.

bedingungen konnte allerdings nicht verhindert werden, daß bei sehr ungünstigen Voraussetzungen, wie z. B. doppelter Anordnung der Ziehstäbe, Bodenreißer auftraten. Aus diesem Grunde mußte die Legierung AlMg 2,5 teilweise aus den Versuchsreihen ausgeklammert werden.

Eine Auswahl der bereits an kreisrunden Näpfen untersuchten Schmierstoffe wurde verglichen, wobei auch die Einflüsse von Viskosität und die Schichtdicke betrachtet wurden.

Von den werkzeugseitigen Parametern wurde der Einfluß des Ziehkantenradius mit denselben Werten wie beim Ziehen der kreisrunden Näpfe überprüft. Einen Schwerpunkt stellte die Untersuchung des Einflusses der Ziehleisten dar, deren Anzahl, Anordnung und Geometrie in einem weiten Bereich variiert werden konnten (Bild T 11). An den vier Seiten des Quadrats konnten je eine oder zwei Ziehleisten mit Breiten (b_Z) von 8 mm, 10 mm, 12 mm, 14 mm und 16 mm und Höhen (h_Z) von 0 bis 0,5 b_Z angeordnet werden. Der Einfluß der Höhe wurde bei 10 mm Breite untersucht, die Breite bei einem konstanten Verhältnis von h_Z/b_Z = 0,375 und 0,24. Zusätzlich zu Kraftbedarf und Formänderungsverteilung konnte die Bremswirkung der Ziehleisten über die in waagrech-

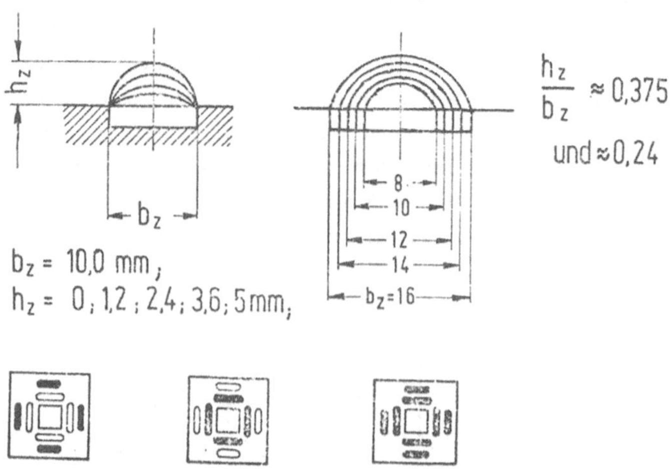

Bild T 11: Untersuchte Geometrien und Anordnungen der Ziehleisten beim Ziehen von quadratischen Ziehteilen.

ter und senkrechter Richtung auf die Ziehleisten wirkenden Kräfte bewertet werden.

Der Einfluß des Niederhalterdrucks wurde besonders im Hinblick auf die Grenzen Faltenbildung und Bruch betrachtet.

2.2.2 Versuchsdurchführung

2.2.2.1 Bestimmung der Werkstoffkennwerte

Die Zugversuche zur Bestimmung von mechanischen Eigenschaften und Fließkurven wurden mit gefrästen Proben 20 x 80 entsprechend DIN 50 114 durchgeführt. Die Gleichmaßdehnung mußte über die Bruchdehnungen A_5 und A_{10} nach der Beziehung $A_g = 2\ A_{10} - A_5$ bestimmt werden [57], weil die Kraft-Verlängerungskurven insbesondere bei den Legierungen des Typs AlMg keinen ausgeprägten Höchstlastpunkt aufwiesen. Mit Ausnahme der Untersuchung des Geschwindigkeitseinflusses betrug die Querhauptgeschwindigkeit konstant 0,083 $\mathrm{mm \cdot s^{-1}}$ (= 5 $\mathrm{mm \cdot min^{-1}}$).

Mit der in [58] beschriebenen Einrichtung erfolgte die Aufnahme von Fließkurven im kontinuierlichen hydraulischen Tiefungsversuch. Wegen der erwünschten Vergleichbarkeit mit den Fließkurven aus dem Zugversuch wurden die Platinen so eingelegt, daß die vier Meßschneiden jeweils die Krümmung und Formänderungen in Walzrichtung und senkrecht dazu erfaßten.

Zur Aufnahme der Grenzformänderungskurven wurde das in [33] beschriebene Tiefungswerkzeug mit einem Halbkugelstempel von 100 mm Durchmesser verwendet. Insgesamt 7 verschiedene kreisrunde Platinen mit 200 mm Durchmesser und seitlichen Ausschnitten von 0 bis 80 mm wurden mit einer Tiefungsgeschwindigkeit von 0,083 $\mathrm{mm \cdot s^{-1}}$ bis zum Auftreten einer Einschnürung oder eines Bruches getieft (Bild T 7). Zwischen Stempel und Platine war zur Verbesserung der Schmierung eine PTFE-Folie eingelegt, wodurch das Versagen immer im Bereich der Kuppe eintrat. In Versuchen ohne diese Folie versagte die Probe meist im Bereich des Ziehkantenradius.

2.2.2.2 Liniennetz zur Messung der Formänderungen

Die Messung der Formänderungen erfolgte mit Hilfe eines vor dem Umformen aufgebrachten Netzes von sich überdeckenden Kreisen. Aus den Verfahren zum Aufbringen des Liniennetzes wurde das elektrolytische Ätzverfahren ausgewählt, womit bei vertretbarem Aufwand eine ausreichende Genauigkeit erzielt wird. Die Wahl des Meßkreisdurchmessers ist maßgebend für die Empfindlichkeit der Messung und richtet sich vor allem nach den am Ziehteil auftretenden Krümmungen [65, 66]. Der Meßkreisdurchmesser sollte wegen des Auflösungsvermögens immer wesentlich kleiner als der Krümmungsradius gewählt werden. Bei der Bestimmung der Grenzformänderungskurven wurden Kreise mit einem Innendurchmesser von 4,4 mm verwendet, was in Verbindung mit einem Krümmungsradius von 50 mm ein gutes Auflösungsvermögen sicherstellt. Die Platinen zum Ziehen der Näpfe, deren kleinster Bodenradius 16 mm beträgt, wurden mit Kreisen von 7,1 mm Durchmesser versehen. Mit Hilfe des größeren Durchmessers konnte hier der Meßaufwand ohne Einbuße an Auflösungsvermögen verringert werden. Bei den quadratischen Ziehteilen sind im Bereich der Ziehleisten und der Ziehkante Radien von 4 mm bzw. 8 mm vorhanden. Dort ist ein Meßkreisdurchmesser von 4,4 mm zweifellos ungünstig. Im Hinblick auf den Aufwand für das Ausmessen der doppelten Anzahl kleinerer Kreise (z. B. 2 mm) wurde dieser Meßkreisdurchmesser jedoch beibehalten, insbesondere auch deshalb, weil sich diese Bereiche als nicht kritisch erwiesen.

2.2.2.3 Ziehen von kreisrunden Näpfen

Die Herstellung der Näpfe mit 125 mm Innendurchmesser erfolgte mit dem in [59] beschriebenen Werkzeug. Die Stempelkraft wird über einen zwischen Stempel und Pressentisch angeordneten Kraftmeßkörper gemessen, zur Messung der Niederhalterkraft sind an einem der zwischen Niederhalter und Ziehkissen befindlichen Druckbolzen Dehnmeßstreifen angebracht. Mit Hilfe eines induktiven Wegaufnehmers konnten die so gemessenen Kräfte in Abhängigkeit vom Weg aufgezeichnet werden. Das Werkzeug war in eine ölhydraulische Presse mit einer Nennkraft von 600 kN und

einem einstellbaren Ziehkissen eingebaut. Die Stößelgeschwindigkeit betrug 50 mm $\cdot$ s^{-1}.
Der Schmierstoff wurde auf die Platinen beidseitig mit einem Pinsel so dünn wie möglich aufgetragen. Vor einem Wechsel des Schmierstoffs wurde das gesamte Werkzeug mit einem Lösungsmittel gereinigt. Für die meisten Versuche wurde Schmierstoff Nr.13 verwendet (s. Tabelle 5).

2.2.2.4 Ziehen von quadratischen Ziehteilen mit Flansch

Das Versuchswerkzeug zum Ziehen von quadratischen Teilen mit Flansch konnte aus früheren Untersuchungen übernommen werden [60 bis 62]. Die Ausrüstung mit einem quadratischen Stempel von 200 mm Kantenlänge, 20 mm Eckenradius und 20 mm Bodenradius wurde durch einen halbkugelförmigen Stempel mit einem Bodenradius von 100 mm ergänzt.
Die Stempelkraft und die auf die Ziehleisten in waagerechter und senkrechter Richtung wirkenden Kräfte wurden durch piezoelektrische Kraftmeßkörper über Ladungsverstärker auf einen x-y-Schreiber in Abhängigkeit vom Weg aufgezeichnet (Bild T 12).

Das Werkzeug war in einer ölhydraulischen Presse mit einer Nennkraft von 2000 kN eingebaut. Dabei konnte die über den Vorgang konstant eingestellte Niederhalterkraft lediglich über den angezeigten Öldruck mit relativ geringer Genauigkeit ermittelt werden.
Die Stößelgeschwindigkeit betrug etwa 10 mm $\cdot$ s^{-1}.
Die Schmierung der Platinen erfolgte wie beim Ziehen der kreisrunden Näpfe, es wurde jedoch Schmierstoff Nr. 1 (Tabelle 5) verwendet.

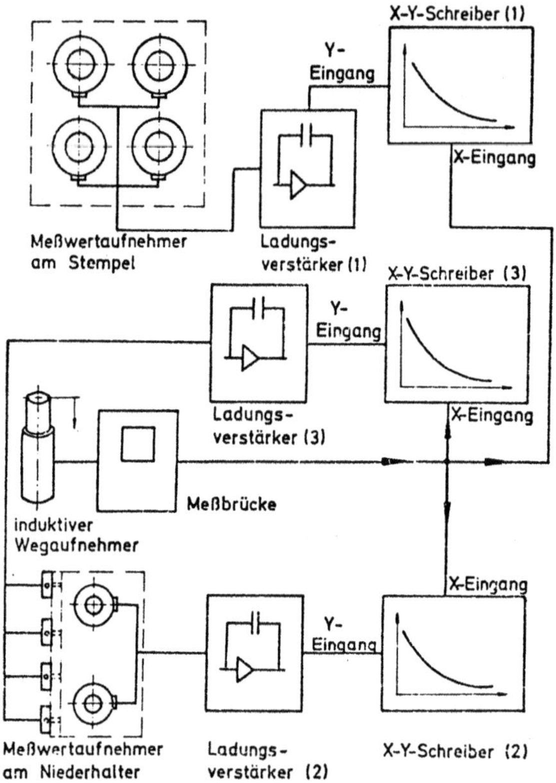

Bild T 12: Aufbau der Meßeinrichtung beim Ziehen von quadratischen Ziehteilen [33].

2.2.3 Versuchsauswertung

2.2.3.1 Werkstoffkennwerte

Die Auswertung der Zugversuche erfolgte entsprechend DIN 50 114, wobei Längenmessungen auf einem Universalmeßmikroskop mit Digitalanzeige vorgenommen wurden.

Zur Bestimmung der Fließkurven aus dem Zugversuch wurden dem Kraft-Verlängerungs-Schrieb mindestens 5 Wertepaare entnommen, woraus zusammen mit den Ausgangsabmessungen der Zugprobe die zugehörigen Werte für Fließspannung und Umformgrad errechnet wurden. Meßwerte aus drei bis fünf Proben bildeten die Grundlage für eine Regressionsrechnung [63], bei der die Fließkurve im doppeltlogarithmischen System in der Form $k_f = C \cdot \varphi^n$ angenähert wurde. Anhand des Korrelationskoeffizienten R bestand die Möglichkeit zu überprüfen, ob die Annahme eines linearen Fließkurvenverlaufs im doppeltlogarithmischen System berechtigt ist (bei R = 1 liegen alle Punkte auf einer Geraden).

Für den Vergleich der Fließkurven aus dem Zugversuch mit jenen aus dem hydraulischen Tiefungsversuch wurden jeweils die unter 0 ° und 90 ° zur Walzrichtung gemessenen Wertepaare in einer Regressionsrechnung zusammengefaßt.

Die Auswertung der für die Aufnahme der Grenzformänderungskurve getieften Proben erfolgte nach der von Hecker [64] vorgeschlagenen Methode: Im Bereich des Bruches werden drei Typen der zu Ellipsen verzerrten Kreise unterschieden: Ellipsen, die

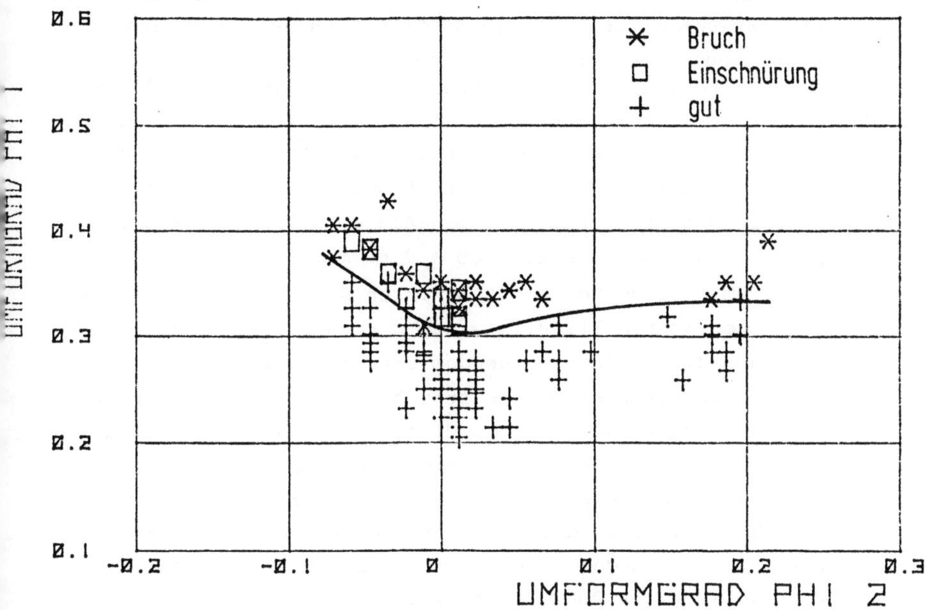

Bild T 13: Gemessene bzw. errechnete Umformgrade zur Bestimmung der Grenzformänderungskurve.

durch den Bruch halbiert werden, Ellipsen, durch die eine Einschnürung verläuft und unversehrte Ellipsen, die sich in unmittelbarer Nähe des Bruches befinden. Je Probe werden mindestens drei bis fünf Ellipsen ausgewertet. Für eine Grenzformänderungskurve ergeben sich somit bei jeweils drei gleichen Proben und 7 verschiedenen Probenformen insgesamt etwa 60 bis 100 Ellipsen, deren Hauptachsen auf einem Profilprojektor bei 20facher Vergrößerung ausgemessen werden. Die aus den Hauptachsen und dem Meßkreisdurchmesser errechneten Umformgrade zeichnet ein Plotter in ein Grenzformänderungsschaubild ein. Dort ist eine deutliche Trennung zwischen den Punkten verschiedener Gruppen zu erkennen und damit eine relativ sichere Festlegung der Grenzformänderungskurve im Bereich zwischen "Einschnürung" und "gut" möglich (Bild T 13).

Zur Ermittlung der Streuung der Meßkreisdurchmesser wurden an 10 verschiedenen Platinen je 10 Kreise in zwei zueinander senkrechten Richtungen vermessen. Als Mittelwert dieser Stichprobe ergab sich ein Durchmesser von 4,385 mm bei einer Standardabweichung von 0,084 mm. Für die Grundgesamtheit läßt sich über die Student-Verteilung auf den 95 %-Vertrauensbereich des Mittelwerts schließen. Er ergibt sich zu $4{,}37 < \mu < 4{,}40$.
Die bei der Messung von Formänderungen enthaltenen zufälligen Fehler setzen sich im wesentlichen aus der Streuung der Meßkreisdurchmesser und dem Ablesefehler beim Ausmessen des Liniennetzes zusammen. Die Hauptachsen der Ellipsen können bei 20facher Vergrößerung auf $\pm$ 1 mm genau abgelesen werden. Dies entspricht einer Genauigkeit von $\pm$ 0,05 mm.
Für einen Umformgrad von $\varphi = 0{,}3$ wirken sich diese zufälligen Fehler in den Extremfällen in einer Streuung von + 2,3 % und - 2,7 % aus. Mit kleiner werdendem Umformgrad wird dieser relative Fehler größer. Bei negativen Werten gleichen Betrags ist er etwa doppelt so groß. Im Hinblick auf die Grenzformänderungskurve folgt daraus, daß in Ordinatenrichtung eine größere Genauigkeit besteht als in Abszissenrichtung. Gerade im Bereich $\varphi_2 \approx 0$, wo die Grenzformänderungskurve ein Minimum aufweist, ist die Angabe von φ_2 mit der größten Unsicherheit verbunden. Die große Anzahl von Meßpunkten läßt erwarten, daß trotz des Meßfehlers eine nach dieser Methode bestimmte Grenzformänderungskurve als hinreichend genau betrachtet werden kann.

2.2.3.2 Ziehen von kreisrunden Näpfen

Zur Ermittlung des Kraftbedarfs wurde die Stempelkraft über dem Stößelweg aufgezeichnet. Die maximale Stempelkraft wurde aus den Kraft-Weg-Aufzeichnungen abgelesen. Für eine Kraft von 100 kN kann infolge der Ablesegenauigkeit bei dem für die Aufzeichnung gewählten Maßstab ein Fehler von ± 0,15 % entstehen.

Die Formänderungsverteilung wurde jeweils längs eines Meridians parallel zur Walzrichtung ermittelt. Die größte und die kleinste Formänderung liegen jeweils parallel bzw. senkrecht zu diesem Schnitt. Zusätzlich zu den Hauptachsen der Ellipsen wurde der Abstand des Mittelpunktes der Ellipsen vom Bodenmittelpunkt gemessen. Aus den Längen der Hauptachsen und dem Meßkreisdurchmesser wurden die Umformgrade in radialer und tangentialer Richtung (φ_R bzw. φ_T, bezogen auf die ebene Platine) errechnet ($\varphi = \ln l/d$) und über einen Plotter in Abhängigkeit vom Abstand zum Bodenmittelpunkt aufgetragen. In dieser Darstellung konnten die Formänderungen in den beiden symmetrischen Hälften des Meridianschnittes verglichen werden (Bild T 14 links). Das Erkennen und Verwerfen von Ausreißern war in dieser Darstellung

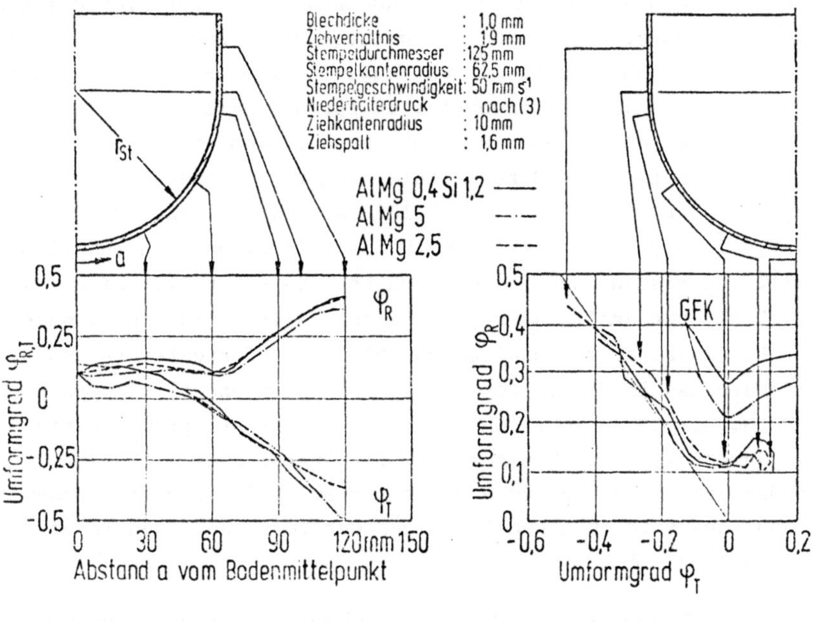

Bild T 14: Formänderungsanalyse am kreisrunden Napf.

sehr leicht möglich. Anschließend erfolgte die Zuordnung der Umformgrade in radialer (φ_R) und tangentialer (φ_T) Richtung bei gleichem Abstand vom Bodenmittelpunkt (Bild T 14 rechts). Diese Wertepaare wurden dann in das Formänderungsschaubild übertragen. Der wesentliche Vorteil dieser Vorgehensweise besteht darin, daß eine Ausgleichskurve zwischen den Meßpunkten in der Darstellung φ = f (Abstand) eingezeichnet werden kann. Somit werden Streuungen von φ_R und φ_T ausgeglichen, die sich im Formänderungsschaubild $\varphi_R = f(\varphi_T)$ gleichzeitig in Ordinaten- und Abszissenrichtung auswirken würden.

Die Genauigkeit der Messungen entspricht jener, die bei der Aufnahme der Grenzformänderungskurve erzielt wurde. Der 95 % Vertrauensbereich der Meßkreisdurchmesser beträgt 7,10 mm $\pm$ 0,01 mm. Das Ausmessen mit flexiblem Maßstab und Meßlupe war auf $\pm$ 0,05 mm genau möglich, was mit anderen Untersuchungen übereinstimmt [65, 66]. Bei φ = 0,3 beträgt der max. Fehler $\pm$ 1,6 %, wobei im übrigen dieselbe Abhängigkeit des Fehlers von der Formänderung besteht wie bei der Ermittlung der Grenzformänderungskurve.

Bild T 14 veranschaulicht den Zusammenhang zwischen Ziehteil und Formänderungsverteilung in den zwei verschiedenen Darstellungen am Beispiel eines Napfes mit halbkugelförmigem Boden. Im Bereich der Bodenmitte (a = 0) ergeben sich für die Umformgrade in radialer und tangentialer Richtung etwa gleich große positive Werte. Diese typische Streckziehformänderung ist aus der Darstellung im Formänderungsschaubild klar ersichtlich. Für $a \approx 0{,}5 \cdot r_{St}$ ($\hat{=}$ 30 mm) erreichen beide Umformgrade ein relatives Maximum, das sich auch in der rechten Darstellung von Bild T 14 zeigt. Bis zur Stelle $a \approx r_{St}$ ($\hat{=}$ 60 mm) fällt φ_T auf null, während φ_R ein relatives Minimum durchläuft. Bodenreißer treten üblicherweise in diesem Bereich auf. Im sich anschließenden Übergang zur Zarge sowie in der Zarge selbst steigt φ_R stetig an, während φ_T immer kleinere negative Werte annimmt. Diese für das Tiefziehen typische Beanspruchung zeigt sich im Formänderungsschaubild in einem Ansteigen der Formänderungen längs der Geraden $\varphi_R = -\varphi_T$.

Die Bewertung der Formänderungsverteilungen erfolgte einerseits über den Vergleich mit der Grenzformänderungskurve oder andererseits durch den Vergleich mit einer anderen Formänderungsverteilung, beispielsweise um den Einfluß eines Vorgangsparameters zu erkennen. Aus dem Vergleich mit der Grenzformänderungskurve folgt, daß grundsätzlich eine Formänderungsverteilung um so günstiger ist, je geringer ihre radialen Formänderungen sind. So ergibt sich z. B. für AlMg 5 sowohl im Bereich des Bodens ($\varphi_T > 0$) als auch im Bereich des Übergangs Boden/Zarge ($\varphi_T < 0$) der jeweils größte Abstand zur Grenzformänderungskurve und damit die günstigste Formänderungsverteilung (Bilder T 14 und B 16).

Eine weitere Bewertungsmöglichkeit besteht in der Betrachtung der Blechdickenänderung. In Bild T 15 ist über das Gesetz der Volumenkonstanz hergeleitet, daß oberhalb der Diagonalen $\varphi_1 = -\varphi_2$ eine Verringerung der Blechdicke, unterhalb eine Zunahme vorliegt. Dabei ist allerdings zu berücksichtigen, daß der Schluß auf φ_3 die bei der Messung von φ_1 und φ_2 entstandenen Fehler enthält.

Es gilt folgende Zuordnung zwischen Umformverfahren bzw. Beanspruchung, Formänderung in der Blechebene und Blechdickenänderung (Bild T 15):

Im Gebiet ($\varphi_1 > 0, \varphi_2 < 0$) sind die durch eine Zugdruckumformung in der Blechebene, wie z. B. Tiefziehen oder Stülpziehen, erreichbaren Formänderungen einzuordnen. Der zu diesem Gebiet in bezug auf den Ursprung punktsymmetrische Bereich ($\varphi_1 < 0$, $\varphi_2 > 0$) erfaßt dieselben Umformverfahren bzw. Formänderungen, hier sind lediglich φ_1 und φ_2 vertauscht ($\varphi_1 = \varphi_{min}$, $\varphi_2 = \varphi_{max}$). Die durch beide Bereiche verlaufende Diagonale $\varphi_1 = -\varphi_2$ kennzeichnet diejenigen Formänderungen, bei denen die Blechdicke erhalten bleibt.
Durch Zugumformen in zwei zueinander senkrechten Richtungen der Blechebene werden die für das Streckziehen typischen Formänderungen erzielt, die dem Bereich ($\varphi_1 > 0$, $\varphi_2 > 0$) zuzuordnen sind. Die Abnahme der Blechdicke ist umso größer, je größer der Abstand der jeweiligen Formänderungen (φ_1, φ_2) von der Diagonalen $\varphi_1 = -\varphi_2$ ist.

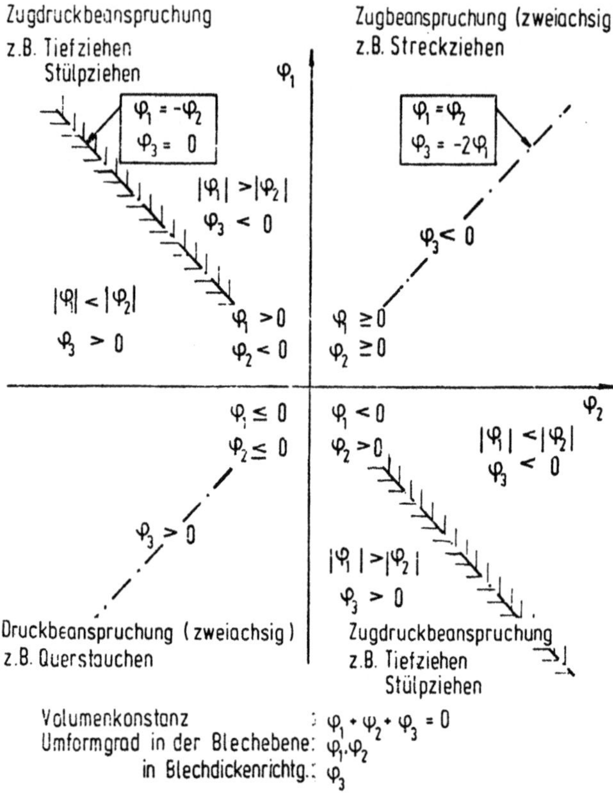

Bild T 15: Blechdickenänderung bei der Formänderungsanalyse.

Der Bereich ($\varphi_1 < 0, \varphi_2 < 0$) erfaßt solche Formänderungen, bei denen infolge einer Stauchung in zwei zueinander senkrechten Richtungen (Druckumformen) eine Vergrößerung der Blechdicke erfolgt. Als Anwendungsbeispiel sei hierzu das Querstauchen angeführt, dem allerdings keine bedeutende Rolle in der Umformtechnik zukommt.

Die üblicherweise in der Blechumformung auftretenden Formänderungen beschränken sich auf den Bereich $\varphi_1 > 0$, wenn mit φ_1 die (absolut) größte Formänderung in der Blechebene bezeichnet wird. Im Hinblick auf die Blechdickenänderung lassen sich somit folgende Fälle nach der Beanspruchung in der Blechebene unterscheiden:

- Zugdruckbeanspruchung mit Blechdickenzunahme ($|\varphi_1| < |\varphi_2|$, $\varphi_3 > 0$)
- Zugdruckbeanspruchung ohne Veränderung der Blechdicke ($\varphi_1 = -\varphi_2$, $\varphi_3 = 0$)
- Zugdruckbeanspruchung mit Blechdickenabnahme ($|\varphi_1| > |\varphi_2|$, $\varphi_3 < 0$)
- Zweiachsige Zugbeanspruchung ($\varphi_1 > 0$, $\varphi_2 > 0$, $\varphi_3 < 0$)

Im Hinblick auf den Verlauf der Grenzformänderungskurve zeigt die Betrachtung der Blechdickenänderung, daß eine Formänderungsverteilung umso günstiger ist, je geringer die Blechdickenabnahme ist.

2.2.3.3 Ziehen von quadratischen Ziehteilen mit Flansch

Der prinzipielle Verlauf der Stempelkraft und der auf die Ziehleisten in waagerechter und senkrechter Richtung wirkenden Kräfte ist in Bild T 16 in Abhängigkeit vom Weg dargestellt. Für die Auswertung wurden jeweils die Maximalwerte herangezogen. Durch eine entsprechende Einstellung des Niederhalters konnte erreicht werden, daß das Hohlprägen durch die Ziehleisten (siehe auch Bild T 17) deutlich vor dem Beginn des Ziehvorganges erfolgte. Damit konnten die Maximalwerte beider Bereiche des Vorgangs berücksichtigt werden. Bei beiden Bodenformen erreicht die Stempelkraft mit dem Vorgangsende das Maximum. Die in senkrechter Richtung auf die Ziehleisten wirkende Kraft weist kurz nach Beginn des Ziehens ein Minimum auf. Erst mit weiter zunehmender Ziehtiefe ist ein Ansteigen bis zum Vorgangsende zu verzeichnen. Einen prinzipiell ähnlichen Verlauf weist die in waagrechter Richtung wirkende Kraft ("Bremskraft") auf, wobei hier der Kraftanstieg zum Vorgangsende wohl hauptsächlich durch die Vergrößerung des Niederhalterdrucks in Folge abnehmender Fläche des Flansches verursacht wird.

Der Gesamtfehler, der bei der Messung und Aufzeichnung der Kräfte entsteht (siehe Bild T 12), beträgt nach Angaben der Hersteller von Kraftmeßkörper, Ladungsverstärker und x-y-Schrei-

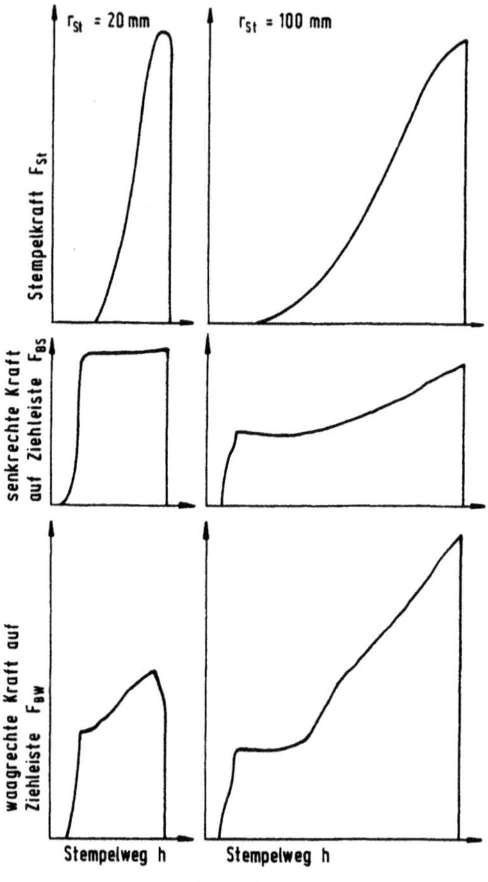

Bild T 16: Verlauf der Stempelkraft und der in senkrechter und waagrechter Richtung auf die Ziehleisten wirkenden Kraft (schematisch).

ber maximal 1,6 %. Der Ablesefehler wirkt sich bei den gewählten Vergrößerungen mit höchstens 0,3 % der maximal auftretenden Kräfte aus.

Die Ermittlung der Formänderungsverteilungen erfolgte bei Teilen mit flachem Boden entlang der Diagonalen des Quadrats (Bild T 17). Die radialen Formänderungen erreichen im Bereich des Übergangs vom Boden zur Zarge und im Bereich der Ziehkante ein Maximum. Bei einer Ziehtiefe von 30,5 mm befindet sich die

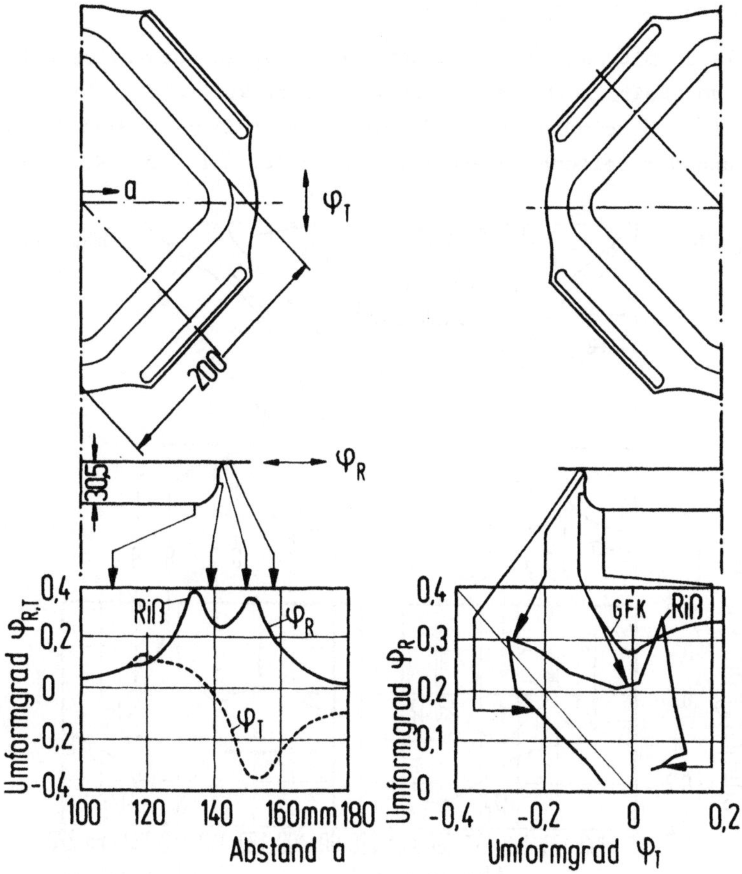

Bild T 17: Formänderungsanalyse am quadratischen Ziehteil.

kritische Stelle im Bereich der Stempelkantenrundung. Wie sich später noch zeigt, verschiebt sich dieser kritische Bereich bei größeren Ziehtiefen für die Legierung AlMg 5 in die Ziehkante (siehe Bild B 21). Im Boden und im Flansch des Ziehteils treten sehr niedrige positive Werte für φ_R auf. Der Verlauf von φ_T ist im Bereich des Bodens ebenfalls durch niedrige positive Werte gekennzeichnet, ferner durch ein Minimum im Ziehkantenradius und deutlich negative Werte im Flansch. Daraus ergibt sich ein geringer Streckziehanteil im Boden und ein Tiefziehbereich im Flansch, dessen Blechdickenzunahme aus einem Vergleich der dort gemessenen Formänderungen mit der Geraden

$\varphi_R = -\varphi_T$ zu ersehen ist.

Die Teile mit halbkugelförmigem Boden wurden zusätzlich entlang der Seitenhalbierenden ausgewertet, weil die kritische Stelle nicht eindeutig lokalisiert werden konnte (Bild T 18). Entlang der Seitenhalbierenden werden für die radialen Form-

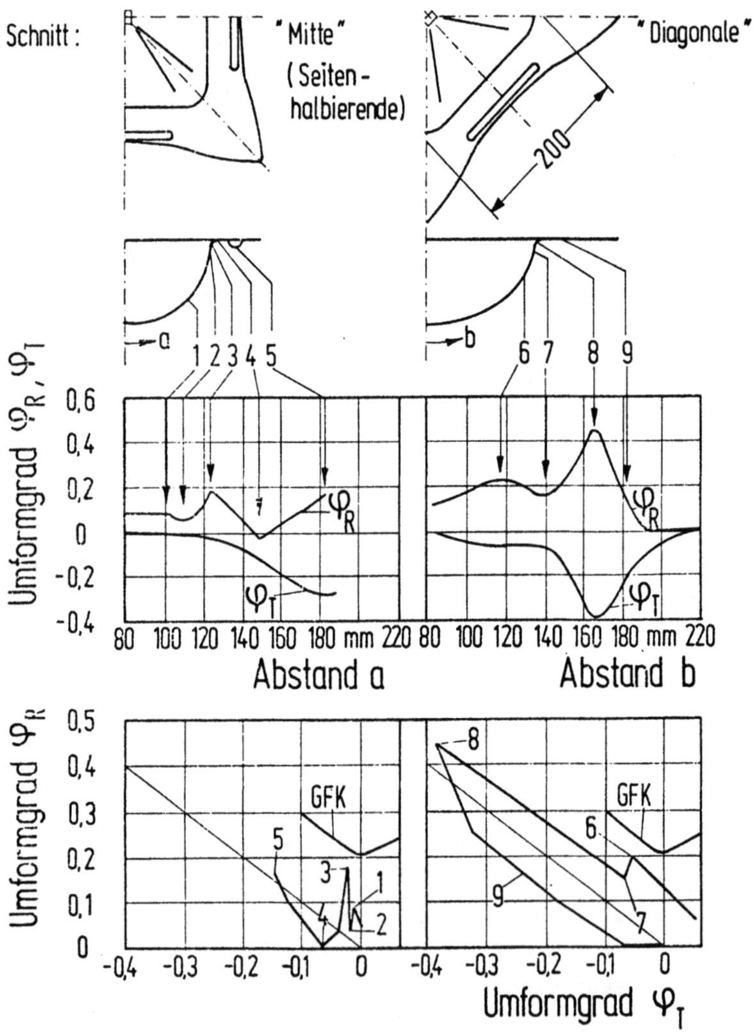

Bild T 18: Formänderungsanalyse in verschiedenen Schnitten.

änderungen Maxima in der Ziehkante und über der Ziehleiste verzeichnet. Obwohl die Bremswirkung der Ziehleisten in diesem Bereich unmittelbar wirksam wird, ergeben sich entlang der Diagonalen höhere Werte für φ_R, vor allem im Bereich der Ziehkante (Punkt 8). Wegen der an diesem Punkt niedrigen tangentialen Formänderung handelt es sich dabei jedoch um eine unkritische Stelle. Kritisch sind vielmehr entlang der Diagonalen der Übergang Boden/Zarge (Punkt 6) und entlang der Seitenhalbierenden der Bereich der Ziehkante (Punkt 3), wobei keine eindeutige Beurteilung erfolgen kann, welche Stelle nun kritischer ist.
Die Auswertung erfolgte ebenso wie für die kreisrunden Näpfe, wobei zum Ausmessen wegen der zweifach gekrümmten Flächen Lackabzüge angefertigt wurden. Es wurde dieselbe Genauigkeit wie bei der Bestimmung der Grenzformänderungskurve erzielt.

3 Eigenschaften der untersuchten Legierungen

Von den für die Versuche ausgewählten Werkstoffen entspricht AlMg 2,5 dem in DIN 1745 genormten Werkstoff Nr. 3.3523, während AlMg 5 und AlMg 0,4 Si 1,2 dort nicht aufgenommen sind. Die chemische Zusammensetzung dieser Werkstoffe (Tabelle 1) zeigt Ähnlichkeiten mit drei im internationalen Verzeichnis für Aluminium-Knetwerkstoffe [67] enthaltenen Legierungen: So entspricht AlMg 5 etwa AA 5182 und AlMg 0,4 Si 1,2 ist AA 6009 und AA 6010 ähnlich. Die Legierungen AlMg 5 und AlMg 0,4 Si 1,2 wurden gezielt für den Einsatz im Karosseriebau entwickelt. Die naturharten Werkstoffe wurden im Werkstoffzustand "weich", AlMg 0,4 Si 1,2 in einem kaltausgehärteten stabilen Zustand angeliefert. Bei letzterem tritt unter den Bedingungen einer Einbrennlackierung (z. B. 90 min bei 180 °C) eine weitere Aushärtung ein. Die Werkstoffkennwerte des Anlieferungszustandes waren aus Werkszeugnissen und Schrifttum [5,9,10] bereits bekannt (Tabelle 2). Mit diesen Daten können die Ergebnisse eigener Messungen verglichen werden.

3.1 Kennwerte aus dem Zugversuch

Für Legierungen vom Typ AlMg sind diskontinuierliche Fließerscheinungen im Zugversuch charakteristisch [11, 68, 69]. Insbesondere bei einem fein rekristallisierten Zustand treten Streckgrenzeneffekte auf, d. h. eine Spannungsüberhöhung mit anschließendem ausgeprägtem Fließbereich, wobei bis zu etwa 1,5 % bis 2 % Dehnung Fließfiguren vom Typ A entstehen. Bei höheren Dehnungen tritt der "Portevin le Chatelier Effekt" (dynamische Reckalterung) auf: Die Kraft steigt stufenweise an, die Längung des Zugstabes erfolgt ruckweise und es bilden sich Streifen unter ca. 57° zur Dehnungsrichtung, die als Fließfiguren vom Typ B bezeichnet werden. Diese Erscheinungen sind abhängig von Umformgeschwindigkeit und -temperatur. Nach [11] treten Fließfiguren vom Typ B bei mehrachsiger Beanspruchung nicht immer auf und [70] stellt fest, daß Fließfiguren durch eine Erhöhung des Zinkanteils vermieden werden können. Mit Ausnahme der Spannungsüberhöhung wurden diese Erscheinungen bei den untersuchten AlMg-Legierungen festgestellt (Bild T 19).

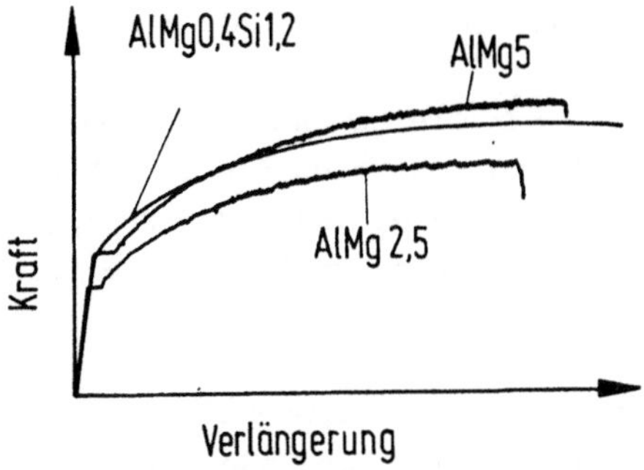

Bild T 19: Kraft-Verlängerungs-Kurven beim Zugversuch.

Zugfestigkeit und Streckgrenze liegen entsprechend dem Legierungsanteil von Magnesium bei AlMg 5 deutlich höher als bei AlMg 2,5 (Bild B 1). Die Werte für AlMg 0,4 Si 1,2 befinden sich dazwischen, wobei insbesondere die Zugfestigkeit für die Blechdicke 1,25 mm zeigt, daß die gemessenen Werte nicht unbedingt auf andere Blechdicken übertragbar sind. Auffallend ist, daß die Lage der Probe zur Walzrichtung fast keinen Einfluß ausübt. Parallel zur Walzrichtung sind geringfügig höhere Werte zu verzeichnen als unter 45 ° und 90 °. Ein Vergleich mit Werksangaben und Schrifttum (Tabelle 2) läßt vermuten, daß diese Angaben als Mindestwerte zu betrachten sind. Bemerkenswert ist allerdings der Unterschied bei AlMg 5 in Höhe von ca. 10 %.

Beim Vergleich der Bruchdehnungen A_5 und A_{10} ist der Einfluß der Meßlänge deutlich sichtbar (Bild B 1), besonders ausgeprägt bei AlMg 0,4 Si 1,2, was auf eine ungleichmäßige Dehnungsverteilung schließen läßt (siehe unten). Für AlMg 5 wurden etwas höhere Werte als für AlMg 2,5 gemessen, AlMg 0,4 Si 1,2 erreicht parallel zur Walzrichtung sehr viel höhere Werte, die unter 90 ° nur unwesentlich geringer sind. Dagegen besteht bei den AlMg-Legierungen eine starke Richtungsabhängigkeit: Quer zur Walzrichtung wird eine wesentlich höhere Bruchdehnung erreicht. Eine Erklärung für diesen Einfluß, der in umgekehrtem Sinne bei Stahlblechen bekannt ist [59], kann nicht angegeben werden.

Die Gleichmaßdehnung, deren Ermittlung über die Bruchdehnung erfolgte, ist in analoger Weise richtungsabhängig (Bild B 2). Hier bestätigt ein Vergleich mit Tabelle 2 die für

AlMg 5 gemessenen großen Unterschiede zwischen 0 und 90 ° zur Walzrichtung.
Für die Ermittlung der Gleichmaßdehnung über die Bruchdehnung gilt die Voraussetzung, daß sich die Einschnürung im Bereich der Bruchdehnung A_5 befindet [57]. Zur Überprüfung dieser Voraussetzung wurde die Dehnungsverteilung der bis zum Bruch gedehnten Proben ermittelt.

Eine bis zum Bruch gedehnte Zugprobe aus AlMg 5 zeigt eine sehr gleichmäßige Verteilung der Formänderungen, während die Dehnung bei AlMg 2,5 und bei AlMg 0,4 Si 1,2 ähnlich wie bei Stahlblech zur Bruchstelle hin ansteigt (Bild B 3). Bekanntlich ist die Höhe des Verfestigungsexponenten für die Gleichmäßigkeit der Formänderungsverteilung maßgebend [16]. Der gegenüber AlMg 0,4 Si 1,2 höhere Verfestigungsexponent von AlMg 5 entspricht dieser Gesetzmäßigkeit (siehe Bild B 8). Allerdings weist AlMg 2,5 ebenfalls einen hohen Verfestigungsexponenten auf, während sich die Dehnung bei weitem nicht so gleichmäßig verteilt. Bild B 3 läßt erkennen, daß die Voraussetzung für die Bestimmung der Gleichmaßdehnung bei den untersuchten Aluminiumlegierungen erfüllt ist, dagegen nicht bei RRSt 1403, wo sich in Verbindung mit der sehr ungleichmäßigen Dehnungsverteilung ein über die Bruchdehnung A_5 hinausreichender Einschnürungsbereich einstellt.

Dies bestätigen ergänzende Untersuchungen, in denen für Stahl und AlMg 0,4 Si 1,2 die Unterschiede zwischen der nach DIN 50114 bei Höchstlast und der über die Bruchdehnung bestimmten Gleichmaßdehnung ermittelt wurden: Für AlMg 0,4 Si 1,2 ergab sich erwartungsgemäß ein geringer Unterschied von 4 %. Im Gegensatz dazu wurden für RRSt 1403 13 % ermittelt.
Zugversuche bei verschiedenen Querhauptgeschwindigkeiten zeigen, daß bei sehr niedrigen Geschwindigkeiten ($0{,}083 \text{ mm} \cdot \text{s}^{-1} = 5 \text{ mm} \cdot \text{min}^{-1}$) etwas höhere Gleichmaßdehnungen erzielbar sind (Bild B 4). Im Bereich zwischen $1 \text{ mm} \cdot \text{s}^{-1}$ und $5 \text{ mm} \cdot \text{s}^{-1}$ besteht bei den untersuchten Aluminiumlegierungen kein Einfluß auf die Gleichmaßdehnung. Über die konstante Querhauptgeschwindigkeit, die Gleichmaßdehnung bzw. die Bruchdehnung und die Ausgangsmeßlänge konnte die Größenordnung der Umformgeschwindigkeit $\dot{\varphi}$ abgeschätzt werden, die zwischen $0{,}15 \cdot 10^{-2} \cdot \text{s}^{-1}$ und $9 \cdot 10^{-2} \cdot \text{s}^{-1}$ beträgt. Angaben im Schrifttum zufolge [71]

besteht eine Geschwindigkeitsunempfindlichkeit der Dehnungswerte im Bereich zwischen $10^{-4} \cdot s^{-1}$ und $10^{-1} \cdot s^{-1}$ für AlMg 2 und zwischen $10^{-4} \cdot s^{-1}$ und $10^{+2} \cdot s^{-1}$ für AlMgSi. Entsprechend den Angaben von [69] verlieren sich die diskontinuierlichen Fließerscheinungen bei den Legierungen des Typs AlMg mit höheren Umformgeschwindigkeiten ($3\ mm \cdot s^{-1}$ und $5\ mm \cdot s^{-1}$).

In einer gleichzeitig durchgeführten Untersuchung des 180°-Biegens [22] wurde für AlMg 0,4 Si 1,2 und AlMg 5 die Brucheinschnürung ermittelt, die in Bild B 5, ergänzt um AlMg 2,5, angegeben ist.

Die Ermittlung des Wertes der senkrechten Anisotropie erfolgte bei einer Dehnung von 20 %, nachdem in Vorversuchen festgestellt wurde, daß sich der r-Wert zwischen ε = 10 % und 20 % nur unwesentlich ändert. Den höchsten mittleren Wert der senkrechten Anisotropie $\bar{r}$ weist AlMg 5 auf, wobei eine starke Abhängigkeit von der Probenlage zur Walzrichtung besteht (Bild B 6) und trotzdem eine relativ geringe ebene Anisotropie vorhanden ist (Δr = - 0,06).AlMg 2,5 zeichnet sich bei etwas geringerer mittl.senkr.Anisotropie durch eine sehr niedrige ebene Anisotropie aus (Δr = 0,02),während AlMg 0,4 Si 1,2 unabhängig von der Blechdicke unter 45 ° zur Walzrichtung deutlich niedrigere Werte als unter 0 ° und 90 ° aufweist, womit sich eine vergleichsweise hohe ebene Anisotropie ergibt (Δr = 0,17). Die gemessenen Werte stimmen in etwa mit den in Tabelle 2 angegebenen überein, allerdings besteht dort für AlMg 5 eine andere Richtungsabhängigkeit.

3.2 Fließkurven und Verfestigungsexponent

Die im Zugversuch ermittelten Fließkurven (Bild B 7, Tabelle 3) verlaufen für alle betrachteten Werkstoffe unter 0 ° zur Walzrichtung bei höheren Werten als unter 45 ° und 90 °. Dies steht im Einklang mit den Werten für Zugfestigkeit und Streckgrenze, die unter 0° geringfügig höher sind (Bild B 1), sowie mit der Bruch- bzw. Gleichmaßdehnung, die bei den AlMg-Legierungen deutlich niedriger liegen (Bild B 1, 2). In den Zugversuchen wurden Umformgrade bis etwa $\varphi \approx 0{,}25$ erreicht, wobei die Fließkurven in diesem Bereich im doppeltlogarithmischen System mit sehr guter Annäherung linear verlaufen. Dies bestätigen die Korrelationskoeffizienten, die mit $R > 0,99$ nur unwesentlich vom Idealwert $R = 1$ abweichen.

Die Verfestigungsexponenten sind bei allen Legierungen unter 45 ° zur Walzrichtung am höchsten (Bild B 8). Während die naturharten Legierungen denselben Mittelwert $\bar{n}$ aufweisen, fällt bei AlMg 0,4 Si 1,2 vor allem der große Unterschied zwischen den verschiedenen Blechdicken auf. Obwohl die Annäherung der Fließkurve durch die Potenzfunktion $k_f = C \cdot \varphi^n$ richtig ist, stimmen die Verfestigungsexponenten mit dem Umformgrad bei Gleichmaßdehnung nicht überein (Tabelle 4). Dies könnte auf die dynamische Reckalterung der AlMg-Legierungen zurückzuführen sein, für AlMg 0,4 Si 1,2 scheidet diese Erklärung jedoch aus.
Die Bestimmung der Gleichmaßdehnung über die Bruchdehnung kann auf keinen Fall als Ursache angenommen werden. Im allgemeinen werden dabei größere Werte als bei der Messung der Gleichmaßdehnung bei Höchstlast ermittelt, während im vorliegenden Fall A_g bzw. φ_g zu niedrige Werte aufweisen. Qualitativ waren jedoch meist höhere Gleichmaßdehnungen mit höheren Verfestigungsexponenten verbunden.
Im hydraulischen Tiefungsversuch konnten keine wesentlich größeren Formänderungen als im Zugversuch erreicht werden. Die Reihenfolge der Fließkurven der einzelnen Werkstoffe stimmt zwar mit den Zugversuchen überein, aber die gemessenen Fließspannungen liegen etwa doppelt so hoch (Bild B 9) und die Verfestigungsexponenten sind durchweg geringer. Damit bestehen deutlich größere Unterschiede zwischen Fließkurven aus dem Zugversuch und aus dem hydraulischen Tiefungsversuch als Untersuchungen von Gologranc [58] an Stahlblechen ergaben. Dieser führte die Unterschiede darauf zurück, daß die bei der Ableitung der Bestimmungsgleichungen zugrundegelegten Annahmen (Membranspannungszustand) z. B. durch inhomogene Formänderungen der Probe und/oder ungleichmäßige Blechdickenänderung nicht immer erfüllt sind. Bei den untersuchten Aluminiumlegierungen könnte der im Vergleich zu Stahl relativ niedrige r-Wert für eine Verstärkung dieser Auswirkung verantwortlich sein.

3.3 Grenzformänderungskurven

Nach den für die Versuchswerkstoffe aufgenommenen Grenzformänderungskurven erreicht die Legierung AlMg 0,4 Si 1,2 deutlich höhere maximale Formänderungen als die Werkstoffe AlMg 5 oder AlMg 2,5 bei gleicher Blechdicke (Bild B 10). Dies entspricht zwar der für die Bruchdehnung A_5 unter 90 ° zur Walzrichtung ermittelten Reihenfolge (siehe Bild B 1), steht aber im Widerspruch zu den Erfahrungen aus praktischen Anwendungen [5,10], worin sich AlMg 5 besonders bei schwierigen Ziehteilen als besser geeignete Legierung erwies. Dieser Widerspruch ist eine Bestätigung der Aussage, daß die Grenzformänderungskurve kein Maß für die Umformbarkeit eines Werkstoffes darstellt. Im vorliegenden Fall ist als Ursache der Formänderungsgradient anzusehen: Entsprechend der Formänderungsverteilung einer bis zum Bruch gedehnten Probe (siehe Bild B 3) werden bei der Aufnahme der Grenzformänderungskurve für AlMg 0,4 Si 1,2 höhere (lokale) Formänderungen gemessen als bei AlMg 5, obwohl AlMg 5 wegen der gleichmäßiger verteilten Dehnung insgesamt größere Formänderungen ermöglicht.

Die Vergrößerung der Blechdicke von 1,0 mm auf 1,25 mm verschiebt die Grenzformänderungskurve von AlMg 0,4 Si 1,2 zu höheren maximalen Umformgraden (Bild B 10), was mit Angaben des Schrifttums teilweise übereinstimmt (z. B. [72, 74]). Im Gegensatz dazu führt [73] die Verschiebung der Grenzformänderungskurve bei zunehmender Blechdicke auf eine Veränderung des Formänderungsweges zurück.

Nach [75] nimmt die Dehnung φ_1 bei Stahlblechen um 0,07 je mm Blechdicke zu. Dieser Zusammenhang wurde auch für die Legierung AlMg 0,4 Si 1,2 festgestellt, womit im Bereich $\varphi_2 \approx 0$ für eine Blechdicke von 1 mm eine Grenzformänderung von $\varphi_1 \approx 0,28$ erreicht wird, die für 1,25 mm Dicke auf $\varphi_1 \approx 0,30$ steigt.

Die Legierungen AlMg 0,4 Si 1,2 und AlMg 5 erreichen im Bereich $\varphi_2 < 0,1$ höhere Grenzformänderungen φ_1, wenn die Hauptbeanspruchungsrichtung bei der Bestimmung der Grenzformänderungskurve unter 90 ° zur Walzrichtung verläuft (Bild B 11). Es ist anzunehmen, daß dies auch im Bereich $\varphi_2 > 0,1$ gilt. Dort konnte jedoch deshalb keine Richtungsabhängigkeit gemessen werden, weil für diesen Fall eine kreisrunde Platine ohne seitliche Ausschnitte verwendet wird und damit eine Vorgabe der Hauptbeanspruchungsrichtung nicht möglich ist. Als Bestätigung für obige Annahme ist die Beobachtung zu werten, daß der Bruch bei nahezu allen Platinen mit dieser Geometrie unter 90 ° zur Walzrichtung verläuft. Daraus folgt, daß ein Versagen bei einer Beanspruchung parallel zur Walzrichtung früher eintritt als unter 90 ° zur Walzrichtung. Bei AlMg 5 steht diese Erscheinung im Einklang mit der Richtungsabhängigkeit von Gleichmaß- und Bruchdehnung (Bilder B 1 und B 2), die ebenfalls unter 90 ° zur Walzrichtung höhere Werte aufweisen. Für AlMg 2,5 trifft dasselbe zu, somit liegt der Schluß nahe, daß auch hier derselbe Einfluß der Anisotropie auf die Grenzformänderungskurve wie bei AlMg 5 besteht.

Der Einfluß der Tiefungsgeschwindigkeit auf die Lage der Grenzformänderungskurve von AlMg 5 ist sehr gering, wie auch bei Stahlblechen festgestellt wurde [76]. Für Tiefungsgeschwindigkeiten zwischen 0,083 $mm \cdot s^{-1}$ und 5 $mm \cdot s^{-1}$ sind im Bereich $\varphi_2 < 0,1$ praktisch keine Unterschiede vorhanden (Bild B 12). Lediglich im Bereich $\varphi_2 > 0,1$ werden mit höherer Geschwindigkeit größere Grenzformänderungen erreicht. Nach den Ergebnissen der Untersuchung des Geschwindigkeitseinflusses im Zugversuch (siehe Bild B 4) ist anzunehmen, daß die Verschiebung der Grenzformänderungskurve im Streckziehbereich auf Reibungseinflüsse zurückzuführen ist.

Unter der Annahme einer konstanten Tiefungsgeschwindigkeit und eines proportionalen Formänderungsverhältnisses, was nach [33] zulässig ist, wurde die Größenordnung der Umformgeschwindigkeit bei der Aufnahme der Grenzformänderungskurve über die Tiefe der Probe bei Vorgangsende abgeschätzt. Bei einer Tiefungsgeschwindigkeit von 0,083 $mm \cdot s^{-1}$ ergibt sich für alle Probenformen eine Vergleichsumformgeschwindigkeit von etwa $\dot{\varphi}_v = 11 \cdot 10^{-4} \cdot s^{-1}$ (Bild B 13). Die Umformgeschwindigkeit ist bei den seitlich weit ausgeschnittenen Platinen ($\varphi_2 < 0$) mit etwa $11 \cdot 10^{-4} \cdot s^{-1}$ etwas höher als bei kreisrunden Platinen ($\varphi_2 = 0,15$) mit etwa

$7{,}5 \cdot 10^{-4} \cdot s^{-1}$. Wegen des Übergangs vom Tiefziehen zum Streckziehen nimmt φ_2 Werte von etwa $-2 \cdot 10^{-4} \cdot s^{-1}$ bis $+ 4 \cdot 10^{-4} \cdot s^{-1}$ an. Für größere Tiefungsgeschwindigkeiten ergeben sich vermutlich ähnliche Unterschiede. Eine Abschätzung würde jedoch zu ungenau werden, da die Prüfmaschine beim Eintreten des Bruches nicht schnell genug stillgesetzt werden kann. Somit ist die Tiefe der Probe zu diesem Zeitpunkt nicht exakt genug meßbar.

Zur Beurteilung des Reibungseinflusses wurde eine Grenzformänderungskurve ohne Folie zwischen Stempel und Platine aufgenommen. Erwartungsgemäß ergab sich infolge der größeren Reibschubspannungen eine Verschiebung zu höheren maximalen Umformgraden φ_1 (Bild B 14). Bemerkenswert ist, daß dabei nur ein sehr schmaler Bereich von φ_2 erfaßt wird. Damit ist die Verwendung der Folie bei der Aufnahme der Grenzformänderungskurven gerechtfertigt.

3.4 Oberflächenbeschaffenheit

In der Oberflächenbeschaffenheit unterscheiden sich Vorder- und Rückseite der Bleche mit Ausnahme des für Vorversuche verwendeten Werkstoffes AlMg 0,4 Si 1,2 mit 1,25mm Blechdicke fast nicht (Bild B 15). Wesentlich größere Unterschiede bestehen zwischen den Messungen parallel und senkrecht zur Walzrichtung, wo wiederum AlMg 0,4 Si 1,2 durch besonders große Unterschiede herausragt. Diese durch die Herstellung bedingte Orientierung der Oberfläche ist ein typisches Kennzeichen der Aluminiumbleche.

Eine Untersuchung, bei der durch den Einsatz entsprechender Walzen eine quasiisotrope Oberfläche erzeugt und deren Einfluß auf das Ziehen von Blechteilen erfaßt wird, ist noch nicht abgeschlossen [88].

3.5 Überblick

Zusammenfassend können die Werkstoffeigenschaften der untersuchten Aluminiumlegierungen folgendermaßen beschrieben werden: Die Zugfestigkeit beträgt zwischen ca. 225 N/mm² (AlMg 2,5) und 325 N/mm² (AlMg 5). Sie wird ebenso wie die Streckgrenze (zwischen 100 N/mm² und 150 N/mm²) vom Winkel zwischen Beanspruchungsrichtung und Walzrichtung kaum beeinflußt. Die Legierungen vom Typ AlMg neigen zur Fließfigurenbildung. Bei ihnen sind unter 90 ° zur Walzrichtung wesentlich größere Dehnungen erzielbar als parallel dazu. Die erreichten Gleichmaßdehnungen bewegen sich in etwa zwischen 20 % und 28 %. Im Vergleich zu Stahlblech weisen die Aluminiumlegierungen einen höheren Verfestigungsexponenten ($n > 0,23$) und niedrigere Werte der senkrechten Anisotropie ($r < 1$) auf. Die Fließkurven können für den im Zugversuch erreichbaren Bereich mit sehr guter Annäherung nach der Funktion $k_f = c \cdot \varphi^n$ beschrieben werden. Bei den Grenzformänderungskurven macht sich die unterschiedliche Formänderungsverteilung der Legierungen im Bereich des Bruches bemerkbar: Für AlMg 5 ergibt sich dort eine sehr gleichmäßige Formänderungsverteilung, während AlMg 0,4 Si 1,2 ähnlich wie Stahlblech zum Bruch hin stark ansteigende Dehnungen aufweist. Dies ist die Ursache dafür, daß die Grenzformänderungskurve von AlMg 0,4 Si 1,2 bei höheren Werten von φ_1 verläuft als jene von AlMg 5, obwohl AlMg 5 das größere Formänderungsvermögen aufweist. Diese Erscheinung zeigt, daß die Grenzformänderungskurve nicht zur Beurteilung des Formänderungsvermögens verschiedener Werkstoffe geeignet ist.

Gegenüber Tiefziehstahlblechen weisen die untersuchten Aluminiumlegierungen trotz des größeren Verfestigungsexponenten ein geringeres Formänderungsvermögen und damit eine geringere Eignung zum Tief- und Streckziehen auf. Dies wird vor allem durch die niedrigeren Werte der Gleichmaßdehnung und der senkrechten Anisotropie verursacht.

4 Ergebnisse - Einfluß ausgewählter Parameter

Die Bewertung der Einflüsse ausgewählter Parameter anhand des Kraftbedarfs und der Formänderungsverteilung zeigt in fast allen Fällen einen Zusammenhang zwischen beiden Bewertungsgrößen: Höhere Stempelkräfte führen normalerweise zu höheren radialen Zugspannungen im Ziehteil und diese wiederum zu höheren Formänderungen in dieser Richtung. Somit ergibt sich - zumindest bereichsweise - eine Verschiebung der Formänderungsverteilung zu höheren radialen Werten (φ_R bzw. φ_1), womit gleichzeitig der Abstand zur Grenzformänderungskurve verkürzt wird.

Eine Übersicht über die Ergebnisse ist der ausführlichen Beschreibung der Auswirkungen von werkstück-, werkzeug-, schmierstoff- und maschinenseitigen Parametern vorangestellt. Beim Vergleich der Versuchswerkstoffe fiel zunächst auf, daß bei AlMg 0,4 Si 1,2 ein höherer Kraftbedarf zu verzeichnen ist als bei AlMg 5, während aufgrund der mechanischen Eigenschaften das Gegenteil zu erwarten wäre. Die Ursache dieser Erscheinung ist in unterschiedlichen Reibzahlen und in Unterschieden der mittleren Werte der senkrechten Anisotropie begründet. Aus den Formänderungsverteilungen geht hervor, daß AlMg 5 das beste Umformvermögen der Versuchswerkstoffe besitzt. Während bei kreisrunden Näpfen AlMg 5 und AlMg 2,5 nahezu gleichwertig erscheinen, ergibt sich bei quadratischen Ziehteilen die Reihenfolge AlMg 5, AlMg 0,4 Si 1,2 und AlMg 2,5. Diese Reihenfolge wird von den erreichbaren Grenzziehverhältnissen bzw. der maximal erreichbaren Ziehtiefe bestätigt. Aus der Betrachtung verschiedener Zuschnittsformen beim Ziehen quadratischer Teile geht hervor, daß der Kraftbedarf mit zunehmender Fläche der Platine ansteigt - eine Analogie zum Ziehverhältnis. Die Zuschnittsform kleinster Fläche muß nicht unbedingt ein Optimum darstellen, wenn z. B. trotz höheren Niederhalterdrucks eine verstärkte Neigung zur Faltenbildung im Flansch besteht. Die Bodenform kreisrunder Näpfe wirkt sich nicht auf den Kraftbedarf aus, auch die Formänderungsverteilung zeigt nahezu keine Auswirkungen, solange noch eine ebene Fläche im Boden vorhanden ist. Erst die Halbkugelform bringt die Verschiebung der Formänderungen in den Streckziehbereich.

Aus der Untersuchung der werkzeugseitigen Parameter geht hervor, daß sich eine Vergrößerung des Ziehkantenradius stärker auf den Kraftbedarf als auf die Formänderungsverteilung auswirkt. Die maximale Stempelkraft ist bei einem Radius von 25 mm um ca. 12 % bis 20 % geringer als bei 6,3 mm. Einen noch stärkeren, linearen Einfluß übt der relative Ziehspalt aus: Nur 60 % des Kraftbedarfs bei u_Z/s_0 = 0,8 sind für u_Z/s_0 = 1,6 erforderlich. Eine Veränderung der Ziehleistenbreite macht sich bei einem konstanten Verhältnis Höhe / Breite relativ wenig bemerkbar, während über die Höhe bei konstanter Breite Bremswirkung, Ziehkraft und Formänderungsverteilung sehr deutlich beeinflußt werden. Am Beispiel quadratischer Ziehteile konnte gezeigt werden, daß es im Hinblick auf die Formänderungsverteilung eine "optimale" Ziehleistenhöhe gibt. Der Abstand zwischen Ziehleiste und Ziehkante ist ebenfalls eine wichtige Einflußgröße: Anhand von zwei verschiedenen Anordnungen erwies sich die Bremswirkung bei kürzerem Abstand als fast so groß wie bei doppelter Ziehleistenanordnung.

Die untersuchten Schmierstoffe konnten in eine "bessere" und eine "schlechtere" Gruppe eingeteilt werden, wobei nicht alle Schmierstoffe eindeutig zuzuordnen waren. Zwischen chemischer Zusammensetzung und Gruppenzugehörigkeit war kein Zusammenhang festzustellen, während sich eine höhere Viskosität günstig auf Kraftbedarf und Formänderungsverteilung auswirkten. Der Einfluß der Schichtdicke konnte anhand eines hoch- und eines niedrigviskosen Schmierstoffes nicht eindeutig geklärt werden.

Beim Ziehen von kreisrunden Näpfen sind die Auswirkungen des Niederhalterdrucks auf den Kraftbedarf unerheblich, lediglich die Formänderungsverteilung wird beeinflußt. Hier scheint die Einstellung eines nach Siebel errechneten Niederhalterdrucks optimal. Wesentlich stärkeren Einfluß übt der Niederhalterdruck beim Ziehen über Ziehleisten aus: Kraftbedarf, Bremswirkung und Formänderung vergrößern sich deutlich mit zunehmendem Druck.

Die Stempelgeschwindigkeit konnte nur in einem relativ schmalen Bereich zwischen 26 $mm \cdot s^{-1}$ und 96 $mm \cdot s^{-1}$ untersucht werden. Diese Grenzwerte stellten eindeutig günstigere Vorgangsbedingungen dar als ein dazwischenliegender Wert, was möglicherweise als schmierstoffspezifisches Ergebnis zu betrachten ist.

4.1 Werkstückseitige Parameter

4.1.1 Werkstückwerkstoff

Die bei den verschiedenen Werkstoffen in den Ziehteilen entstehenden Formänderungsverteilungen (Bilder B 16 und B 17) unterscheiden sich ähnlich wie die Formänderungsverteilungen der bis zum Bruch gedehnten Zugstäbe (Bild B 3): Am Beispiel von kreisrunden Näpfen mit halbkugelförmigem Boden wird deutlich, daß die Legierung AlMg 0,4 Si 1,2 im Bodenbereich bis zum Übergang zur Zarge ($\varphi_T > 0$) größere radiale Formänderungen als die Legierungen des Typs AlMg aufweist (Bild B 16). Aufgrund der höher verlaufenden Grenzformänderungskurve ist der Abstand zur Grenzformänderung zwar in etwa genau so groß wie bei AlMg 5. Dies ist jedoch nicht unbedingt mit einer gleichwertigen Fertigungssicherheit gleichbedeutend, weil offenbar Spannungsspitzen durch die kalt ausgehärtete Legierung weniger gut abgebaut und verteilt werden können als durch AlMg 5. Somit wird die Grenzformänderungskurve bereits bei geringerem Gesamtumformgrad erreicht als bei AlMg 5. Dies bestätigen auch die ermittelten Grenzziehverhältnisse (siehe 4.1.2). Die Legierung AlMg 2,5 läßt wegen der sehr niedrig verlaufenden Grenzformänderungskurve und der relativ ungleichmäßigen Dehnungsverteilung im Zugstab eine im Vergleich zu den anderen Werkstoffen ungünstige Formänderungsverteilung im Ziehteil vermuten. Für kreisrunde Näpfe ist dies allerdings nicht sehr ausgeprägt (Bild B 16), während erwartungsgemäß bei quadratischen Ziehteilen mit Flansch mit AlMg 5 die günstigste und mit AlMg 2,5 die ungünstigste Formänderungsverteilung erzielt wird (Bild B 17).

Beim Ziehen von kreisrunden Näpfen und von quadratischen Ziehteilen erfordert AlMg 0,4 Si 1,2 die höchste Ziehkraft, gefolgt von AlMg 5 und AlMg 2,5 (Bilder B 26 und B 36). Es fällt auf, daß die Legierung AlMg 0,4 Si 1,2 eine höhere Kraft als AlMg 5 erfordert, während Zugfestigkeit und Fließkurve einen deutlich niedrigeren Kraftbedarf erwarten lassen würden - ein krasser Widerspruch zur elementaren Theorie. Die Ursache kann nur in unterschiedlichen Reibverhältnissen liegen. Die Oberflächenbeschaffenheit von AlMg 0,4 Si 1,2 weist unter 90 ° zur Walzrichtung wesentlich höhere Rauhheitswerte auf als AlMg 5 (Bild

B 15). In [77] wurde anhand eines Streifenziehversuchs mit den diesen Werkstoffen ähnlichen Legierungen AA 6009/6010 und AA 5182 festgestellt, daß auch bei gleichen Schmierstoffen erhebliche Unterschiede in den Reibzahlen dieser Legierungen bestehen. Für AA 5182 - diese Legierung ist AlMg 5 ähnlich - wurden etwa 40 % niedrigere Werte ermittelt.

Ausgehend von den gemessenen Ziehkräften (Bild B 19) wurde versucht, anhand der Kraftberechnung nach der elementaren Theorie [38] die entsprechenden Reibzahlen der Versuchswerkstoffe zu bestimmen. Bei einem Ziehverhältnis von 1,9 ergibt sich dann eine Übereinstimmung von Messung und Rechnung, wenn für AlMg 0,4 Si 1,2 $\mu = 0,07$, für AlMg 5 $\mu = 0,01$ und für AlMg 2,5 $\mu < 0,01$ angenommen wird. Diese Werte können quantitativ nicht als richtig angesehen werden, denn nach [38, 77, 78] gilt $\mu = 0,1$ bis 0,15 bzw. $0,08 < \mu < 0,25$ je nach Umformgrad sowie Werkstoff, Oberflächenbeschaffenheit und Schmierung der Reibpartner. Qualitativ zeigt sich jedoch eine gewisse Übereinstimmung zwischen den in [77] für vergleichbare Legierungen ermittelten und den im Rahmen dieser Untersuchung errechneten Reibzahlen.

Als weitere Ursache für den niedrigeren Kraftbedarf von AlMg 5 können die Unterschiede im Wert der senkrechten Anisotropie angesehen werden: Bei AlMg 0,4 Si 1,2 wurde für den Wert der mittleren senkrechten Anisotropie $r = 0,52$ ermittelt gegenüber $r = 0,83$ für AlMg 5. Bekanntlich wirkt sich ein höherer r-Wert in einem höheren Grenzziehverhältnis bzw. in einer Verminderung der erforderlichen Ziehkraft aus [23]. Im vorliegenden Fall könnte der relativ niedrige r-Wert als Ursache für den höheren Kraftbedarf angesehen werden. Die im folgenden betrachteten Fließortkurven der Aluminiumlegierungen verdeutlichen diese Überlegung (Bild B 18):

Der Fließort bzw. die Fließortkurve entspricht der graphischen Darstellung der Fließbedingung für einen räumlichen bzw. ebenen Spannungszustand [36, 92]. Nach v. Mises lautet die Fließbedingung bei ebenem Spannungszustand für einen homogenen, isotropen Werkstoff:

$$k_f = \sqrt{\sigma_1^2 + \sigma_2^2 - \sigma_1 \sigma_2} \qquad (1)$$

Dies ist die analytische Darstellung einer Ellipse in einem auf die Fließspannung k_f bezogenen Koordinatensystem σ_1/k_f, σ_2/k_f, deren Hauptachsen mit den Koordinatenachsen einen Winkel von 45 ° bilden und deren Mittelpunkt im Ursprung liegt.
Die Berücksichtigung der senkrechten Anisotropie führt unter Vernachlässigung der ebenen Anisotropie zur Beziehung

$$k_f = \sqrt{\sigma_1^2 + \sigma_2^2 - \left(\frac{2r}{r+1}\right) \sigma_1 \sigma_2} \qquad (2)$$

Mit zunehmendem r-Wert ($r > 0$) wird die große Halbachse der Ellipse länger und die kleine Halbachse kürzer. Der Fall des isotropen Werkstoffs wird durch $r = 1$ beschrieben. Der rein theoretische Fall $r = 0$ bedeutet, daß das Blech nur aus der Dicke umgeformt wird ($\varphi_b = 0$, siehe Bild T 2).

Bei einem zweiachsigen Zugdruckspannungszustand, wie er beim Tiefziehen eines Napfes im Flansch vorliegt (σ_R bzw. $\sigma_1 > 0$, σ_T bzw. $\sigma_2 < 0$, $\sigma_3 \approx 0$, Begründung s.[21, 93]) bedeutet die bei zunehmendem r-Wert eintretende Verkürzung der kleinen Hauptachse, daß bereits bei kleineren Beträgen σ_1/k_f bzw. σ_2/k_f Fließen eintritt (Bild B 18). Bei sonst gleichen Werkstoffeigenschaften wirkt sich dies unmittelbar in einem niedrigeren Kraftbedarf aus.

Für die untersuchten Aluminiumlegierungen wurden die zugehörigen Fließortkurven nach (2) über die gemessenen mittleren Werte der senkrechten Anisotropie $\bar{r}$ errechnet (Bild B 18). Im Zugdruckgebiet bewirkt der relativ hohe $\bar{r}$-Wert von AlMg 5, daß der plastische Zustand bereits bei etwa 4 % niedrigeren Werten für σ_1/k_f bzw. σ_2/k_f als bei AlMg 0,4 Si 1,2 erreicht wird. Dies stellt den maximalen Unterschied für den Fall $\sigma_1 = -\sigma_2$ dar. Damit wird deutlich, daß sich der Kraftbedarf beim Tiefziehen von AlMg 5 im Vergleich zu AlMg 0,4 Si 1,2 nicht proportional zur Zugfestigkeit, Streckgrenze bzw. Fließspannung verhält. Der höhere mittlere Wert der senkrechten Anisotropie schwächt die nach der elementaren Theorie zu erwartende Wirkung der höheren Zugfestigkeit ab.

Insgesamt sind also zwei Ursachen dafür verantwortlich, daß AlMg 0,4 Si 1,2 trotz niedrigerer Zugfestigkeit und Streckgrenze beim Tiefziehen höhere Kräfte als AlMg 5 erfordert: Zum einen weist die Legierung AlMg 5 im Vergleich zu AlMg 0,4 Si 1,2 eine niedrigere Reibzahl auf, zum anderen tritt bei ihr im Zugdruckspannungszustand bereits bei niedrigeren relativen Spannungen σ_1/k_f bzw. σ_2/k_f Fließen ein.

Der Vergleich der untersuchten Aluminium-Blechwerkstoffe zeigte, daß mit der Legierung AlMg 5 aufgrund des relativ hohen Verfestigungsexponenten und des ebenfalls hohen Wertes der senkrechten Anisotropie die jeweils günstigste Formänderungsverteilung im Ziehteil erreicht wird. Die Neigung zur Fließfigurenbildung, die allen Legierungen des Typs AlMg eigen ist, kann z. B. bei sichtbaren Bauteilen die Verwendung von AlMg 5 ausschließen. In diesem Fall kann auf AlMg 0,4 Si 1,2 ausgewichen werden, dessen Formänderungsvermögen und -verteilung weniger günstig ist. Die Legierung AlMg 5 erfordert trotz höherer Zugfestigkeit und Streckgrenze einen geringeren Kraftbedarf als AlMg 0,4 Si 1,2, was durch ihre niedrigere Reibzahl und ihren höheren Wert der senkrechten Anisotropie zu erklären ist.

4.1.2 Ziehverhältnis und Ziehtiefe

Bei einem relativen Stempeldurchmesser d_{St}/s_0 = 125 wurde unter den in Bild B 19 angegebenen Versuchsbedingungen für AlMg 0,1 Si 1,2 ein Grenzziehverhältnis von β_{max} = 1,925 bestimmt. Für die AlMg-Legierungen ergaben sich Werte von β_{max} = 2,0 (AlMg 2,5) und β_{max} = 2,025 (AlMg 5). Diese Werte liegen über den in [43] für Al 99,5 und AlMn bei entsprechendem relativen Stempeldurchmesser festgestellten Grenzziehverhältnissen (β_{max} = 1,9). Der nach der elementaren Theorie [38] bestehende lineare Zusammenhang zwischen Kraftbedarf und Ziehverhältnis wird auch in Bild B 19 bestätigt.

Die Formänderungsverteilung wird mit zunehmendem Ziehverhältnis zu höheren radialen Umformgraden hin verschoben. Bei großem Abstand vom Grenzziehverhältnis sind die Auswirkungen im kritischen Bereich des Übergangs vom Boden zur Zarge ($\varphi_T = 0$) weniger stark als in der Nähe der Verfahrensgrenze: Für AlMg 5 ergibt die Erhöhung von $\beta = 1{,}5$ auf $\beta = 1{,}9$ eine geringere Verschiebung als der Schritt von $\beta = 1{,}9$ auf $\beta = 2{,}0$. Noch deutlicher wird dies bei AlMg 0,4 Si 1,2 mit der Erhöhung von $\beta = 1{,}9$ auf das Grenzziehverhältnis, was eine Parallelverschiebung der Formänderungsverteilung im gesamten Zargenbereich zur Folge hat. Auch die Zunahme der Wanddicke am oberen Rand der Zarge wird verringert, wie der Vergleich mit der Geraden $\varphi_R = - \varphi_T$ zeigt.

Die aus Bild B 19 folgenden Aussagen über den Einfluß des Ziehverhältnisses wurden auch für Näpfe mit halbkugelförmigem Boden qualitativ bestätigt. Quantitativ sind dort allerdings in der Zarge geringere und im Boden größere Auswirkungen festzustellen, wobei sich eine Tendenz zu größeren tangentialen Formänderungen überlagert (Bild B 20).

Bei den quadratischen Ziehteilen mit flachem Boden und Flansch wurde die Ziehtiefe von 0 mm (entspricht Hohlprägen der Ziehleisten) bis zum Versagen des Ziehteils stufenweise vergrößert. Das wegen der Ziehleisten ausgeprägte Kraftmaximum beginnt für die in Bild B 21 angegebene Parameterkombination zwischen 25 mm und 30 mm Ziehtiefe. Für die weiteren Versuche mit dieser Stempelform wurde deshalb eine Ziehtiefe von 30,5 mm gewählt.

Die Grenzziehtiefe ist bei AlMg 0,4 Si 1,2 mit 35,5 mm bedeutend niedriger als bei AlMg 5 mit 57,5 mm. Ebenso unterscheiden sich beide Werkstoffe hinsichtlich der Stelle des Versagens: Bei AlMg 0,4 Si 1,2 tritt der Bruch in der Ecke des Quadrats im Übergang vom Boden zur Zarge auf, während AlMg 5 in der Ziehkante versagt (siehe auch Bild T 17). Bereits bei geringerer Ziehtiefe zeigt AlMg 0,4 Si 1,2 im Übergang Boden/Zarge (Bereich $\varphi_T > 0$) höhere Formänderungen als AlMg 5. Darüber hinaus ist dieser Darstellung auch der Formänderungsweg zu entnehmen, der für markante Punkte wie z. B. den Ziehkantenradius (siehe auch Bild T 17) als annähernd linear bezeichnet werden kann. Somit ist der Vergleich mit einer unter dieser Voraussetzung aufgenommenen Grenzformänderungskurve zulässig.

Die aufgrund des Vergleichs der Formänderungsverteilung erfolgte Bewertung der Versuchswerkstoffe wird im wesentlichen durch die Grenzziehverhältnisse bzw. die maximal erreichbare Ziehtiefe bestätigt: Mit AlMg 5 lassen sich die größten Ziehverhältnisse und Ziehtiefen erzielen. Bei quadratischen Teilen liefert AlMg 2,5 das schlechteste Ergebnis, während bei kreisrunden Teilen AlMg 0,4 Si 1,2 das niedrigste Grenzziehverhältnis erreicht.

4.1.3 Zuschnittsform

Das Problem der optimalen Zuschnittsform entsteht hauptsächlich bei nicht kreiszylindrischen Teilen und bei Teilen mit Flansch. Die Zuschnittsform wird üblicherweise näherungsweise bestimmt, wobei noch kein Verfahren existiert, das die ebene Anisotropie der Blechwerkstoffe berücksichtigt.Die Zuschnittsform kann innerhalb enger Grenzen frei gewählt werden:Den unteren Grenzwert stellt diejenige Form dar, bei der zum Ende des Ziehvorgangs gerade die Fertigform des Werkstücks entstanden ist. Die obere Grenze kann nicht exakt beschrieben werden, sie ist auf jeden Fall dann überschritten, wenn der Werkstofffluß durch den Überschuß von Werkstoff im Flansch behindert wird oder der beim Beschneiden entstehende Abfall ein vertretbares Maß überschreitet.

Eine Veränderung der Zuschnittsform bzw. der Zuschnittsfläche bedeutet eine Änderung des Ziehverhältnisses in gleichem Maße entsprechend [79], wonach das Ziehverhältnis bei nicht kreiszylindrischen Teilen aus den Durchmessern flächengleicher Kreise zu berechnen ist. Somit ist im Hinblick auf den Kraftbedarf derselbe Zusammenhang wie für das Ziehverhältnis zu erwarten. Die Messungen bestätigen diese Überlegung (Bild B 22), wobei die Abweichung vom linearen Verlauf im Bereich großer Zuschnittsflächen vom Versagen des Werkstücks vor Vorgangsende herrührt. Für AlMg 0,4 Si 1,2 tritt bei der Zuschnittsform 340/35 mm bereits ein Versagen ein. AlMg 5 weist bei dieser Platine eine Einschnürung an der kritischen Stelle des Ziehteils auf, ein Kennzeichen der oberen Grenze.

Ebenfalls sehr ausgeprägt sind die Auswirkungen auf die Formänderungsverteilung, wo sich die Flächenvergrößerung im Eckenbereich unmittelbar in größeren radialen Dehnungen äußert. Gleichzeitig ist bei der Zuschnittsform 340/70 mm in den Ecken des Flansches eine verstärkte Neigung zur Faltenbildung zu beobachten, obwohl wegen der geringeren Platinenfläche ein größerer Niederhalterdruck wirksam wurde. Die Platine kleinster Fläche muß also nicht unbedingt die optimale Zuschnittsform darstellen. Eine Vergrößerung des Flansches kann sich stabilisierend auswirken und somit die Neigung zur Faltenbildung verringern oder durch örtliche Behinderung einen insgesamt gleichmäßigeren Werkstofffluß erzielen, ähnlich der Wirkung von Ziehleisten.

Aus dem Einfluß der Zuschnittsform kann insgesamt geschlossen werden, daß die Zuschnittsfläche im Hinblick auf das Ziehverhältnis so klein wie möglich gewählt werden sollte. In Einzelfällen kann jedoch durch eine Vergrößerung des Flansches die Neigung zur Faltenbildung vermindert oder ein günstigerer Werkstofffluß erzielt werden. Somit können wegen der Vielfalt der Ziehteilgeometrien keine allgemeinen Richtlinien für die Wahl der optimalen Zuschnittsform aufgestellt werden. Langfristig ist jedoch auf eine einfachere Platinenformermittlung über die rechnerunterstützte Anwendung der Gleitlinienmethode zu hoffen [80].

4.1.4 Bodenform

Sofern der Stempelkantenradius nicht durch die Bodenform des Werkstücks festgelegt ist, werden folgende Richtwerte empfohlen:

$$r_{St} = (3 \text{ bis } 5) \cdot r_Z \qquad [39]$$
$$r_{St} = (2 \text{ bis } 10) \cdot s_0 \qquad [40]$$
$$r_{St} = (0{,}1 \text{ bis } 0{,}3) \cdot d_{St} \qquad [42]$$

Die Versuche mit relativen Stempelkantenradien r_{St}/d_{St} zwischen 0,1 und 0,5 , r_{St}/s_0 zwischen 16 und 62,5 oder r_{St}/r_Z zwischen 1,6 und 62,5 bzw. 0,64 und 2,5 ergaben, daß der Kraftbedarf in nur sehr geringem Maße beeinflußt wird (Bild B 23). Das Kraftminimum bei r_{St}/d_{St} = 0,25 und der etwas höhere Kraftbedarf bei großen Stempelkantenradien konnten auch in Versuchen mit r_Z = 25 mm festgestellt werden. Diese Unterschiede betragen jedoch nur etwa 1 % und bestätigen die Kraftberechnung nach der elementaren Theorie [38], die den Stempelkantenradius vernachlässigt.

Ähnlich wie für den Kraftbedarf ergeben sich für die Formänderungsverteilungen bis zu Stempelkantenradien von 40 mm keine nennenswerten Veränderungen. Erst der Übergang zur Halbkugelform bewirkt die Verschiebung der Formänderungen des Bodens ($\varphi_2 > 0$) in den Streckziehbereich.

Zusammenfassend kann aus diesen Ergebnissen geschlossen werden, daß der Bodenform beim Ziehen von kreisrunden Näpfen nur geringe Bedeutung zukommt. Dennoch sollte bei freien Festlegungsmöglichkeiten ein relativer Stempelkantenradius von r_{St}/s_0 = 25 angestrebt werden.

Die bei den quadratischen Ziehteilen betrachteten Bodenformen r_{St} = 20 mm und 100 mm sind wegen der unterschiedlichen Ziehtiefe zu verschieden, um direkt miteinander verglichen zu werden.

4.2 Werkzeugseitige Parameter

4.2.1 Ziehkantenradius

Im Schrifttum [37, 39 bis 42] werden Ziehkantenradien in Abhängigkeit von der Blechdicke und teilweise auch vom Ziehverhältnis empfohlen, wobei sich der Bereich zwischen $r_Z = 5 \cdot s_0$ und $r_Z = 30 \cdot s_0$ erstreckt. Der Schwerpunkt der Empfehlungen liegt bei $r_Z = (5 \text{ bis } 10) \cdot s_0$.

Die untersuchten relativen Ziehkantenradien r_Z/s_0 = 6,3 bis 25 decken den empfohlenen Bereich weitgehend ab. Sowohl bei quadratischen Ziehteilen als auch bei kreisrunden Näpfen - bei letzteren auch für verschiedene Bodenformen und Niederhalter-

drücke - nimmt der Kraftbedarf mit zunehmendem Radius ab und zwar bis zu r_Z/s_O = 16 wesentlich stärker als darüber (Bilder B 24 und B 25). Ein Erhöhen des relativen Ziehkantenradius von 6,3 auf 16 ist mit einer Verringerung des Kraftbedarfs zwischen 7 % und 15 % verbunden. Die Formänderungsverteilungen unterscheiden sich nicht so deutlich. Es ist jedoch einheitlich zu erkennen, daß bei kleineren Ziehkantenradien höhere radiale Formänderungen auftreten als bei großen.
Somit können die Empfehlungen des Schrifttums zumindest für die untersuchten Aluminiumlegierungen durch den Hinweis ergänzt werden, daß der Wert r_Z/s_0 = 16 möglichst nicht unterschritten werden sollte.

4.2.2 Ziehspalt

In Abhängigkeit von Ziehverhältnis, Blechdicke, Zugfestigkeit, Anisotropie und Verfestigung werden Angaben über eine günstige Festlegung des Ziehspalts gemacht [37, 39 bis 42, 59], wobei sich die Mehrzahl der Empfehlungen im Bereich zwischen u_Z/s_0 = 1,1 und 1,4 bewegt.
Versuche beim Ziehen von kreisrunden Näpfen mit einem relativen Ziehspalt von 0,8 (dies gilt beim Abstreckgleitziehen) bis 1,6 zeigen den beachtlichen, linearen Einfluß auf den Kraftbedarf (Bild B 26). Die Verdoppelung von 0,8 auf 1,6 führt zu einem um fast 40 % niedrigeren Kraftbedarf. Auch die Formänderungsverteilungen zeigen deutliche Auswirkungen: Für u_Z/s_0= 0,8 steigen die radialen Formänderungen im kritischen Bereich, dem Übergang vom Boden zur Zarge (φ_2 = 0), wobei die Formänderungen wegen der starken Wanddickenverminderung und der damit verbundenen Auslöschung des Liniennetzes nur im unteren Bereich der Zarge gemessen werden konnten. Durch größere Ziehspalte lassen sich vor allem die radialen Formänderungen in der Zarge verringern. Sehr deutlich wird für u_Z/s_0 = 1,6 die Zunahme der Wanddicke im oberen Bereich des Napfes, wo die Formänderungen die Diagonale $\varphi_R = -\varphi_T$ unterschreiten (siehe auch Bild T 15).

Als Hinweis für die Festlegung des relativen Ziehspaltes folgt daraus, daß u_Z/s_0 = 1,2 als Mindestwert zu betrachten ist, wenn nicht strenge Anforderungen an die Maßgenauigkeit der Ziehteile ein überlagertes Abstreckgleitziehen, d. h. einen geringeren Ziehspalt notwendig machen.

4.2.3 Ziehleisten

Über den Einsatz von Ziehleisten zur Steuerung des Stoffflusses gibt es umfassende Untersuchungen [60, 61, 81, 82]. Die sich daraus ergebenden Empfehlungen hinsichtlich Geometrie und Anordnung werden durch das Versuchswerkzeug von [60] zum Ziehen von quadratischen Ziehteilen weitgehend abgedeckt.

Nach der VDI-Richtlinie 3377 sind Ziehleisten mit den Breiten 10 mm, 13 mm oder 16 mm bei einer relativen Höhe $h_Z/b_Z = 0,8$ und einem Abstand von 20 mm, 25 mm bzw. 32 mm von der Ziehkante bevorzugt zu verwenden.

Aus den Versuchen beim Ziehen von quadratischen Ziehteilen mit halbkugelförmigem und flachem Boden ergab sich übereinstimmend, daß sich die Vergrößerung der Ziehleistenbreite zwischen 8 mm und 16 mm bei einer konstanten relativen Ziehleistenhöhe h_Z/b_Z auf den Kraftbedarf nicht wesentlich auswirkt (Bild B 27). Dennoch stellen breitere Ziehleisten eine Verschärfung der Einlaufbedingungen des Flansches dar: Während z. B. für AlMg 5 bei 8 mm und 10 mm Breite fehlerfreie Teile gezogen werden können, ist die Verfahrensgrenze bei 12 mm und 16 mm überschritten. Aufschluß darüber gibt die auf die Ziehleisten wirkende Kraft, deren senkrechter und waagrechter Anteil unter den in Bild B 27 angegebenen Vorgangsbedingungen in der Größenordnung von 1/10 bzw. 1/100 der maximalen Stempelkraft liegen. Die senkrechte Kraft nimmt sehr stark mit zunehmender Breite zu, für die waagrechte Kraft wurde bei Teilen mit flachem Boden ein Maximum bei einer Breite von 12 mm, bei Teilen mit halbkugelförmigem Boden bei 14 mm Breite ermittelt. Das Hohlprägen der Sicke, die vor dem Ziehen durch die Ziehleiste im Flansch entsteht, erfordert in etwa dieselbe Kraft, die auch während des Ziehvorgangs in senkrechter Richtung wirkt (Bilder B 27 und B 29). Dabei entsteht in waagrechter Richtung eine Kraft, die ebenfalls in etwa mit der während des Vorgangs auftretenden identisch ist. Dies ändert sich bei der größeren Ziehtiefe bei den Teilen mit 100 mm Stempelkantenradius nur unwesentlich. Dort betragen die während des Ziehens gemessenen Kräfte bis zum 1,5fachen des Hohlprägens.

Für die Legierungen AlMg 5 und AlMg 0,4 Si 1,2 bestätigen die Formänderungsverteilungen die anhand der Kräfte gemachten Beobachtungen (Bild B 28): Im kritischen Bereich des Minimums der Grenzformänderungskurve treten bei 12 mm und 16 mm Breite deutlich höhere Formänderungen als bei 8 mm und 10 mm auf, wobei sich sogar das Maximum der waagerechten Bremskraft bei 12 mm Breite in etwas höheren Formänderungen widerspiegelt.

Dasselbe Ergebnis zeigen die bei halbkugelförmigem Boden längs der Seitenhalbierenden gemessenen Formänderungen.

Der Einfluß der Höhe der Ziehleisten wurde bei 10 mm Breite untersucht. Für den Kraftbedarf ergibt sich ein annähernd linearer Anstieg mit zunehmender Höhe (Bild B 29), wobei für $h_Z/b_Z = 0,5$ bereits vor Erreichen des Kraftmaximums ein Versagen des Werkstücks eintrat. Die auf die Ziehleisten wirkenden Kräfte weisen dieselbe Tendenz auf, der senkrechte Teil steigt degressiv, der waagerechte progressiv. Beim Ziehen ohne Ziehleisten ($h_Z = 0$) sind die vom Niederhalterdruck bzw. der Reibung herrührenden Anteile abzulesen.

Aus den zugehörigen Formänderungsverteilungen ist zu erkennen (Bild B 30), daß es eine optimale Ziehleistenhöhe geben muß. Abgesehen vom Versagensfall bei 5 mm Höhe treten beim Ziehen ohne Ziehleisten deutlich größere radiale Formänderungen auf als zum Beispiel bei $h_Z = 1,2$ mm, 2,4 mm oder 3,6 mm. Insgesamt konnten diese Ergebnisse durch eine Versuchsreihe beim Ziehen von quadratischen Teilen mit halbkugelförmigem Boden bestätigt werden.

Der Einfluß des Abstandes zwischen Ziehleistenmitte und Ziehkante wurde anhand der Abstände 21 mm und 51 mm bei einer Breite von 10 mm betrachtet, wobei die äußeren Ziehleisten etwa 7,5 % länger als die inneren sind. Diese Anordnungen wurden mit der doppelten Ziehleistenanordnung verglichen.

Der Kraftbedarf ist bei doppelter Ziehleistenanordnung erwartungsgemäß am höchsten. Unter den in Bild B 31 angegebenen Bedingungen trat bereits vor Vorgangsende ein Versagen des Werkstücks ein. Bei einfacher Ziehleistenanordnung ist ein überraschend großer Unterschied zwischen 21 mm und 51 mm Abstand festzustellen: Der Kraftbedarf liegt für den kleineren Abstand trotz der geringeren Länge der Ziehleiste um etwa 30 % bis 40 % höher. Die in senkrechter Richtung auf die Ziehleisten wirkende Kraft weist für alle Anordnungen etwa dieselbe Größenordnung auf. Das sowohl beim Hohlprägen durch die Ziehleisten als auch beim Ziehen selbst für den kleineren Abstand ermittelte Minimum ist möglicherweise auf die Anordnung der Kraftmeßkörper im Niederhalter zurückzuführen, wo durch ein geringfügiges Kippen der Ziehleistenaufnahme ein Fehler bei der Kraftmessung entstanden sein könnte. Die in waagerechter Richtung gemessene Kraft korrespondiert mit der Stempelkraft:Während doppelte und einfache Anordnung mit geringem Abstand etwa gleich große Bremskräfte bewirken, beträgt die für den großen Abstand gemessene Kraft nur etwa die Hälfte.
Die zugehörigen Formänderungsverteilungen der Teile mit halbkugelförmigem Boden (Bild B 31) unterscheiden sich im kritischen Bereich $\varphi_T = 0$ weniger als bei Teilen mit flachem Boden (Bild B 32). Für die doppelte Anordnung ergeben sich im gesamten Ziehteil wesentlich höhere radiale Formänderungen. Im Bereich $\varphi_T \approx 0$ verlaufen die Formänderungsverteilungen der bei großem Abstand zwischen Ziehleiste und Ziehkante gezogenen Teile am günstigsten.

Allerdings erscheinen die beim Ziehen von Teilen mit flachem Boden gemessenen Stempelkräfte als äußerst fragwürdig. Sie widersprechen dem beim Ziehen von halbkugelförmigen Teilen ermittelten Einfluß, der sich in Einklang mit den Formänderungsverteilungen befindet. Die auf die Ziehleisten wirkenden Kräfte stellen eine Bestätigung der beim Ziehen der Teile mit halbkugelförmigem Boden festgestellten Auswirkungen dar. Hauptsächlich wegen der geringeren Ziehtiefe ergibt sich für die waggrechte Bremskraft zwischen den einfachen Ziehleistenanordnungen ein nur geringer Unterschied.

Zusammenfassend kann festgestellt werden, daß Kraftbedarf und Formänderungsverteilung durch die Bremswirkung der Ziehleisten beeinflußt werden. Der Kraftbedarf steigt mit zunehmender Bremswirkung, während die Formänderungsverteilung bei einer bestimmten Bremswirkung ein Optimum aufweisen kann. In diesem Fall ist der sonst gültige Zusammenhang zwischen Kraftbedarf und Formänderungsverteilung durchbrochen.
Die Bremswirkung der Ziehleisten hängt ab von ihrer Breite, Höhe und vom Abstand zwischen Ziehleiste und Ziehkante. Der Einfluß der Ziehleistenbreite führt bei einem konstanten Verhältnis von Höhe/Breite ≈ 0,375 bzw. ≈ 0,24 zu einem Maximum bei einer Breite von 12 mm bzw. 14 mm. Über die Ziehleistenhöhe kann die Bremswirkung sehr feinfühlig gesteuert werden, da von ihr die in waagrechter Richtung auf die Ziehleisten wirkende Kraft stark abhängig ist. Schließlich konnte gezeigt werden, daß bei kurzem Abstand zwischen Ziehleiste und Ziehkante fast dieselbe Bremswirkung wie bei doppelter Ziehleistenanordnung erzielt werden kann.

4.3 Schmierstoff

Der Vergleich der verschiedenen Schmierstoffe erfolgte zunächst mit dem Werkstoff AlMg 0,4 Si 1,2 in Versuchen mit kreisrunden Näpfen und verschiedenen Bodenformen. Bei den Näpfen mit flachem Boden konnte keine Klassifizierung der Schmierstoffe erfolgen, da sich kein Zusammenhang zwischen Kraftbedarf bzw. Formänderungsverteilung und Zusammensetzung der Schmierstoffe ergab. Dies ist vermutlich darauf zurückzuführen, daß hier die Reibung zwischen Stempelstirnfläche und Ziehteil aufgrund der Geometrie keinen Einfluß ausüben kann. Im Gegensatz dazu war aufgrund der Formänderungsverteilungen der mit Halbkugelstempel gezogenen Näpfe eine bessere und eine schlechtere Gruppe zu ununterscheiden. Allerdings konnten einige Schmierstoffe, die zu Formänderungsverteilungen im Bereich zwischen beiden Gruppen führten, nicht eindeutig eingeordnet werden. Deshalb wurden aus beiden Gruppen verschiedene Schmierstoffe, die sich hinsichtlich Zusammensetzung oder Viskosität deutlich unterschieden, ausgewählt und beim Ziehen von quadratischen Teilen aus den Werkstoffen AlMg 5 und AlMg 0,4 Si 1,2 verglichen.

Die Ordnung dieser Schmierstoffe nach dem Kraftbedarf beim Ziehen von Teilen mit halbkugelförmigem Boden ergibt bei beiden Werkstoffen eine ähnliche Reihenfolge (Bild B 33). Die Unterschiede zwischen dem maximalen und minimalen Kraftbedarf betragen für beide Legierungen jeweils höchstens 10 %, was auch bei einem Schmierstoffvergleich an Stahlblechen festgestellt wurde [83]. Aus den in Bild B 33 zusammengestellten Meßwerten läßt sich kein gesicherter Zusammenhang zwischen dem Kraftbedarf und den auf die Ziehleiste wirkenden Kräften herleiten. Mit Einschränkungen könnte rein qualitativ festgestellt werden, daß bei geringerer Stempelkraft meist höhere senkrechte und niedrigere waagerechte Kräfte auf die Ziehleiste wirken. Im Vergleich mit den Herstellerangaben über die Zusammensetzung der Schmierstoffe (Tabelle 5) ergibt sich ebenfalls kein eindeutiger Zusammenhang mit dem Kraftbedarf. Allenfalls könnte daraus die Eignung von Mineralölen mit Hochdruckzusätzen abgelesen werden. Andererseits bewirkt aber auch der vollsynthetische Schmierstoff Nr. 6 einen sehr geringen Kraftbedarf, während der ebenfalls vollsynthetische Schmierstoff Nr. 18 nur als "mittelmäßig bis schlecht" einzustufen ist.

Der Vergleich des Kraftbedarfs der Schmierstoffe bei verschiedenen Bodenformen (Bilder B 33 und B 34) zeigt keine völlige Übereinstimmung in der Reihenfolge der Schmierstoffe. In der Gruppenzugehörigkeit besteht jedoch mit Ausnahme von Schmierstoff 19 eine Ähnlichkeit, wenn z. B. zwei oder drei Gruppen gebildet werden. Darüber hinaus wurde bei dieser Versuchsreihe noch die Verwendung einer Ziehfolie (PVC) mit einbezogen, die auf der Ziehringseite in Verbindung mit Schmierstoff 1 gegenüber dem schlechtesten Schmierstoff eine um etwa 15 % geringere Stempelkraft bewirkte. Die stempelseitige Anordnung der Folie bringt nur eine geringfügige Krafteinsparung, weil die Reibung nur im Bereich des Niederhalters, nicht aber am Ziehring verringert wird.

Nahezu keine Auswirkungen auf den Kraftbedarf ergeben sich, wenn das Liniennetz stempel- oder ziehringseitig aufgebracht ist. Im Gegensatz dazu konnte mit einer Platine ohne Liniennetz, geschmiert mit Schmierstoff 13, nachgewiesen werden, daß

das Liniennetz den Kraftbedarf beträchtlich erhöht (Bild B 34). Trotz dieses Einflusses des Liniennetzes ist die für die Untersuchung gewählte Vorgehensweise zulässig, weil alle übrigen Versuche mit ziehringseitig aufgebrachtem Liniennetz durchgeführt wurden.
Die zugehörigen Formänderungsverteilungen zeigen für die Schmierstoffe 1, 13, 18 im kritischen Bereich $\varphi_T \approx 0$ eindeutig höhere radiale Formänderungen als für die übrigen Schmierstoffe, eine klare Bestätigung des Zusammenhangs "hoher Kraftbedarf - ungünstige Formänderungsverteilung" (Bild B 35 links). Innerhalb der Gruppe der "besseren" Schmierstoffe bleibt dieser Zusammenhang nicht mehr bestehen: Während Schmierstoff 11 eindeutig die niedrigsten radialen Formänderungen aufweist, bewirken die Schmierstoffe 6 und 19 bei nahezu gleichem Kraftbedarf deutlich höhere radiale Formänderungen im Bereich $\varphi_T \approx 0$.
Bei Teilen mit halbkugelförmigem Boden wurden darüber hinaus Unterschiede bei den Formänderungen in tangentialer Richtung beobachtet. Hier bewirkt die Gruppe der "besseren" Schmierstoffe im Bereich des Ziehkantenradius ($\varphi_T < -0,2$) eine wesentlich größere Stauchung. Dies ist mit hoher Wahrscheinlichkeit die Folge geringerer Reibung, wodurch größere tangentiale Druckspannungen wirksam wurden - gleichzeitig ein Hinweis dafür, daß sich bei einem Schmierstoffvergleich mit Teilen unterschiedlicher Bodenformen verschiedene Resultate ergeben können (siehe auch 4.2).

Zur Überprüfung des Einflusses der kinematischen Viskosität wurden drei Schmierstoffe eines Herstellers (Nr. 1, 11, 13) ausgewählt, die sich nach der Beschreibung in ihrer Zusammensetzung kaum unterscheiden. Der Auftrag der Schmierstoffe auf die Platinen erfolgte mit einem Pinsel so dünn wie möglich, was aber wegen der unterschiedlichen Viskosität zwangsläufig zu unterschiedlichen Schichtdicken führte. Sowohl der Kraftbedarf als auch die auf die Ziehleisten wirkenden Kräfte nehmen eindeutig mit zunehmender kinematischer Viskosität ab (Bild B 36). Bei ca. 70facher Viskosität verringert sich die maximale Stempelkratt um etwa 9 %. Diese Beobachtung wird durch die mit Schmierstoff Nr. 6 und mit Folie durchgeführten Versuche bestätigt, wobei die Folie und der in einem Lösungsmittel dispergierte Schmierstoff Nr. 6 vereinfacht als Schmierstoffe mit sehr großer Viskosität betrachtet werden können.

Die Frage des Einflusses der Schichtdicke wurde mit einem hoch- und einem niedrigviskosen Schmierstoff zu klären versucht (Bild B 37). Sowohl bei den Kräften als auch bei den Formänderungsverteilungen lassen sich keine eindeutigen Tendenzen ablesen. Während bei niedrigviskosen Schmierstoffen kein Einfluß der Schichtdicke auf den Kraftbedarf festzustellen ist, sind bei der Formänderungsverteilung durchaus Unterschiede erkennbar. Umgekehrt verhält sich der dickflüssige Schmierstoff, der im Kraftbedarf Unterschiede von etwa 5 % aufweist, während die gemessenen Formänderungsverteilungen besonders im Bereich $\varphi_T = 0$ zusammenfallen. Zur eindeutigen Beantwortung dieser Frage sind weitere Versuche notwendig, die im Rahmen dieser Untersuchung nicht durchgeführt werden konnten.

Als Ergebnis des Vergleichs der Schmierstoffe kann folgendes zusammengefaßt werden: Eine Beziehung zwischen der Zusammensetzung des Schmierstoffs einerseits und dem Kraftbedarf beim Ziehen bzw. der Formänderungsverteilung andererseits war nicht zu erkennen. Die Schmierstoffe konnten jedoch anhand von Kraftbedarf und Formänderungsverteilung in zwei bzw. drei Gruppen eingeteilt werden. Der maximale Unterschied zwischen einem ungünstigen und einem günstigen Schmierstoff beträgt beim Kraftbedarf etwa 10 %. Die Verwendung einer Ziehfolie auf der Ziehringseite führt zu einer weiteren Verringerung des Kraftbedarfs um etwa 15 % und zu einer entsprechend günstigen Formänderungsverteilung. Eine hohe kinematische Viskosität wirkt sich günstig aus, während der Einfluß der Schichtdicke des Schmierstoffs nicht geklärt werden konnte.

4.4 Maschinenseitige Parameter

4.4.1 Niederhalterdruck

Beim Tiefziehen im Erstzug hat sich zur Berechnung des erforderlichen Niederhalterdrucks die von Siebel [38] aufgestellte Beziehung bewährt:

$$p_N = (2 \text{ bis } 3) \cdot 10^{-3} \cdot [(\beta - 1)^3 + 0{,}5 \cdot 10^{-2} \cdot d_0/s_0] \cdot R_m \quad (3)$$

Beim Ziehen der kreisrunden Näpfe wurde jeweils der höhere Wert des nach dieser Beziehung berechneten Niederhalterdrucks eingestellt. Aus der während des Tiefziehens konstanten Niederhalterkraft folgt wegen der Verringerung der Flanschfläche ein stetig zunehmender Niederhalterdruck.

Eine Halbierung oder Verdoppelung des errechneten Niederhalterdrucks hat nahezu keine Auswirkungen auf den Kraftbedarf, was für Teile mit halbkugelförmigem und flachem Boden, verschiedene Werkstoffe und Ziehkantenradien festgestellt werden konnte (Bild B 38). Offensichtlich scheint sich bei dem für die Versuche verwendeten Schmierstoff Nr. 13 eine Erhöhung des Druckes in einer Verringerung der Reibzahl auszuwirken, wodurch die Reibkräfte insgesamt etwa konstant bleiben. Die Betrachtung der Näpfe, bei denen auch der geringe Niederhalterdruck zur Verhinderung der Faltenbildung ausreichte, läßt erkennen, daß eine optimale Einstellung existiert: Sowohl bei halbkugelförmiger als auch bei flacher Bodenform wurden für den nach Siebel errechneten Druck im kritischen Bereich etwas geringere radiale Formänderungen gemessen.

Wesentlich deutlichere Auswirkungen ergeben sich bei quadratischen Ziehteilen, die über Ziehleisten gezogen wurden. Für verschiedene Zuschnittsformen und Werkstoffe ist bei einer Erhöhung des Niederhalterdrucks ein teilweise erheblicher Anstieg des Kraftbedarfs zu verzeichnen (Bild B 39). Bei der Zuschnittsform Ø 370 mm führt eine Verdoppelung des Niederhalterdrucks von 1,5 N/mm² auf 3 N/mm² zu einem etwa 20 % höheren Kraftbedarf, beim Achteck 340/70 mm erhöht sich die maximale Stempelkraft sogar um etwa 40 %. Die in senkrechter

Richtung auf die Ziehleiste wirkende Kraft steigt zwischen 1,5 N/mm² und 2,5 N/mm² Niederhalterdruck um ca. 30 %, ab 2,5 N/mm² scheint mit ca. 20 kN ein Grenzwert erreicht zu sein. In etwa linear beeinflußt der Niederhalterdruck die in waagerechter Richtung wirkende Kraft, was im wesentlichen für die Erhöhung des Kraftbedarfs verantwortlich ist. Die zugehörigen Formänderungsverteilungen zeigen erwartungsgemäß mit zunehmendem Niederhalterdruck höhere radiale Formänderungen, wobei besonders bei AlMg 5 die Grenze zwischen fehlerfreiem Teil, Einschnürung und Riss klar zu erkennen ist (Bild B 40).

Diese Ergebnisse wurden mit dem relativ dünnflüssigen Schmierstoff Nr. 1 erzielt. Bei einer Übertragung der am Beispiel quadratischer Teile aufgezeigten Zusammenhänge ist zu berücksichtigen, daß eine Erhöhung des Niederhalterdrucks bei Verwendung von Schmierstoffen höherer Viskosität möglicherweise geringere Auswirkungen haben kann.

Aus diesen Ergebnissen ist insgesamt folgender Schluß zu ziehen: Der Niederhalterdruck sollte so eingestellt werden, daß gerade keine Faltenbildung mehr auftritt. Beim Ziehen von kreisrunden Näpfen aus Aluminiumlegierungen liefert dazu die in [38] angegebene Formel gute Anhaltswerte. Beim Ziehen von quadratischen Teilen über Ziehleisten zeigte sich der starke Einfluß des Niederhalterdrucks besonders deutlich. Auch hier sollte im Hinblick auf Kraftbedarf und Formänderungsverteilung ein möglichst niedriger Wert gewählt werden.

4.4.2 Stößelgeschwindigkeit

Der Einfluß der Stößelgeschwindigkeit wurde beim Ziehen von kreisrunden Näpfen innerhalb des auf der vorhandenen hydraulischen Presse einstellbaren Geschwindigkeitsbereichs zwischen $26\ mm \cdot s^{-1}$ und $96\ mm \cdot s^{-1}$ untersucht. Dieser Bereich liegt sicher deutlich unterhalb der in der industriellen Praxis vorkommenden Auftreffgeschwindigkeiten zwischen $150\ mm \cdot s^{-1}$ und $300\ mm \cdot s^{-1}$.

Für die drei Versuchswerkstoffe ergaben sich bei $26\ mm \cdot s^{-1}$ und

96 $mm \cdot s^{-1}$ einheitlich niedrigere Stempelkräfte als für den mittleren Wert 50 $mm \cdot s^{-1}$ (Bild B 41). Dabei erweist sich die höchste Geschwindigkeit mit ca. 10 % bis 15 % geringeren Kräften noch etwas günstiger als die niedrigste Geschwindigkeit mit ca. 5 % bis 10 %. Die Auswirkungen auf die Formänderungsverteilung sind zwar wesentlich geringer, bestätigen aber die anhand des Kraftbedarfs beobachtete Tendenz. Dieses Ergebnis konnte nicht nur für Näpfe mit flachem Boden, sondern auch für Teile mit halbkugelförmigem Boden ermittelt werden.

Als Ursache kann eine Veränderung der Umformeigenschaften ausgeschlossen werden, wie aus dem Schrifttum [71] und eigenen Untersuchungen (siehe Kapitel 3.1 und 3.3) zu entnehmen ist. Somit kann die Ursache nur noch im Bereich der Tribologie zu suchen sein. Die Schmierung erfolgte mit Schmierstoff Nr. 13, dessen Reibzahl sich innerhalb des untersuchten Geschwindigkeitsbereichs geändert haben müßte. Daraus folgt, daß dieses Ergebnis zunächst nur für diesen Schmierstoff gültig ist. Zu einer umfassenden Klärung des Geschwindigkeitseinflusses beim Ziehen von Blechen aus Aluminiumlegierungen sind weitere Versuche notwendig, die Schmierstoffe unterschiedlicher Viskosität und vor allem den in der Praxis vorkommenden Geschwindigkeitsbereich bis etwa 300 $mm \cdot s^{-1}$ berücksichtigen.

In einer Untersuchung mit Stahlblechen [84] wurde festgestellt, daß der Kraftbedarf bei Verwendung von hochviskosen Ölen mit zunehmender Geschwindigkeit abnimmt, wobei Geschwindigkeiten zwischen 100 $mm \cdot s^{-1}$ und 300 $mm \cdot s^{-1}$ betrachtet wurden. Auch an anderer Stelle [85] wird dieser Effekt beobachtet. Allerdings wird dort ausdrücklich darauf hingewiesen, daß die Verringerung der Reibzahl bei höheren Geschwindigkeiten nur beim Tiefziehen von Teilen mit flachem Boden Vorteile bringt. Bei halbkugelförmigem Boden können durch die geringere Reibung zwischen Stempel und Ziehteil nur geringere Kräfte übertragen werden, was Ursache für die Verringerung des Grenzziehverhältnisses ist.

Zusammenfassend ergibt sich für den Einfluß der Stößelgeschwindigkeit folgendes Bild: Im untersuchten Bereich zwischen $26\ mm \cdot s^{-1}$ und $96\ mm \cdot s^{-1}$ werden Kraftbedarf und Formänderungsverteilung beeinflußt. Allerdings kann die Erkenntnis, daß $26\ mm \cdot s^{-1}$ und $96\ mm \cdot s^{-1}$ günstigere Werte als $50\ mm \cdot s^{-1}$ darstellen, nicht verallgemeinert werden, da dieses Ergebnis aus Versuchen mit nur einem Schmierstoff stammt. Als Ursache kann ein Geschwindigkeitseinfluß auf die Werkstoffeigenschaften ausgeschlossen werden. Somit sind weitere Versuche mit verschiedenen Schmierstoffen und Geschwindigkeiten bis zu etwa $300\ mm \cdot s^{-1}$ notwendig.

5 Vergleich mit den Einflüssen bei Stahlblech

Die Unterschiede beim Ziehen von Teilen aus Tiefziehstahlblechen und Aluminiumlegierungen sind in den Werkstoffeigenschaften begründet. Am Beispiel des Werkstoffs RRSt 1403, der in vergleichbaren Untersuchungen verwendet wurde [61], seien diese Unterschiede aufgezeigt (Daten aus [59]). Abgesehen von deutlich höherer Zugfestigkeit und Streckgrenze zeichnet sich das Stahlblech durch eine erheblich höhere Gleichmaß- und Bruchdehnung aus. An den Tiefziehstahlblechen werden Gleichmaßdehnungen $A_g > 30$ % und Bruchdehnungen $A_5 > 40$ % erreicht gegenüber den Aluminiumlegierungen mit Gleichmaßdehnungen zwischen 20 und 30 % sowie Bruchdehnungen zwischen 22 und 38 %. Die Abhängigkeit dieser Dehnungswerte vom Winkel zwischen Hauptbeanspruchungs- und Walzrichtung ist genau umgekehrt wie bei den untersuchten Aluminiumblechen. Bei Stahl sind üblicherweise parallel zur Walzrichtung höhere Dehnungswerte erreichbar als unter 90 °, was sich z. B. auch im Einfluß der Probenlage auf die Grenzformänderungskurve bemerkbar macht [33].

Die Fließkurven von Tiefziehstahlblechen werden in guter Näherung nach der Gleichung $k_f = C \cdot \varphi^n$ beschrieben, wobei der Verfestigungsexponent n normalerweise konstant bleibt. Dies konnte zwar auch für die Aluminiumlegierungen nachgewiesen werden, aber nur für die im Zugversuch bzw. im hydraulischen Tiefungsversuch erreichbaren Umformgrade $\varphi < 0{,}25$, die erheblich kleiner als die bei Stahlblechen erreichten Längenformänderungen sind ($\varphi = 0{,}6$ [58]). Eine Veränderung des Verfestigungsexponenten der Aluminiumlegierungen bei größeren Formänderungen kann somit nicht ausgeschlossen werden. Der Verfestigungsexponent des Stahlblechs ist mit $n = 0{,}22$ deutlich geringer als bei den untersuchten Aluminiumlegierungen. Die für Stahl üblicherweise gültige Beziehung $n = \varphi_g$ gilt bei den Legierungen des Typs AlMg nicht.

Entsprechend den Dehnungswerten ergeben sich für Stahl wesentlich höhere Grenzformänderungen. φ_1 ist z. B. bei $\varphi_2 = 0$ etwa 30 % größer als für AlMg 0,4 Si 1,2 (Bild B 10). Ein direkter Vergleich der Grenzformänderungskurven ist jedoch nur bedingt möglich, da die Aluminiumlegierungen wesentlich gleichmäßigere Formänderungsverteilungen aufweisen als Stahlblech (siehe Bild B 3) und somit der Einfluß des Formänderungsgradienten zu berücksichtigen ist. Demnach können allenfalls AlMg 0,4 Si 1,2 und Stahl mit einander verglichen werden, während ein Vergleich mit AlMg 5 zu ungünstig für AlMg 5 ausfallen würde (siehe auch 3.1 und 3.3). Im Bereich des Tiefziehens werden für Stahlblech wesentlich höhere Grenzformänderungen für φ_1 ermittelt. Darüber hinaus erfaßt die Grenzformänderungskurve auch den Bereich kleinerer Formänderungen φ_2. Das bedeutet, daß bei gleicher Probengeometrie - in diesem Fall die kreisrunde Platine mit den größten seitlichen Ausschnitten und gleicher Schmierung - größere Dehnungen bzw. Stauchungen erreichbar sind. Dies ist mit hoher Wahrscheinlichkeit auf den wesentlich höheren Wert der senkrechten Anisotropie zurückzuführen.

Die Oberflächenbeschaffenheit weist ganz erhebliche Unterschiede auf. Während parallel zur Walzrichtung bei den Aluminiumlegierungen Rauhtiefen von R_t = 1,6 µm und Glättungstiefen von R_p = 0,8 µm nicht überschritten werden (Bild B 15), wurden in [59] für RRSt 1403 R_t = 5,5 µm bis 8,5 µm und R_p = 2,5 µm bis 4,3 µm gemessen.

Mit Ausnahme des Verfestigungsexponenten weisen alle die Werkstoffeigenschaften kennzeichnenden Größen darauf hin, daß die untersuchten Aluminiumlegierungen den Tiefziehstahlblechen hinsichtlich ihres Formänderungsvermögens deutlich unterlegen sind. Nach [89, 90, 91] ergibt sich mit zunehmendem Verfestigungsexponenten ein ansteigendes Grenzziehverhältnis beim Tiefziehen. Die vergleichsweise hohen n-Werte der Aluminiumlegierungen deuten somit auf hohe erreichbare Grenzziehverhältnisse hin.

Die Auswirkungen der bei den Aluminiumlegierungen relativ niedrigen Werte der senkrechten Anisotropie (Al-Leg.: $r < 1$, Stahl $r > 1$) werden durch den Vergleich der Fließortkurven deutlich (Bild B 18). Im Bereich des Zugdruckspannungszustandes ($\sigma_x > 0$, $\sigma_y < 0$) bewirkt der hohe r-Wert eine Abnahme der für den Eintritt des Fließens erforderlichen relativen Spannungen σ_x/k_f bzw. σ_y/k_f, was beim Tiefziehen bei sonst gleichen Werkstoffeigenschaften zu einer Verringerung des Kraftbedarfs führt (siehe auch 4.1.1). In weit stärkerem Maße wirkt sich eine Zunahme des r-Wertes im Gebiet zweiachsiger Zugspannungen ($\sigma_1 > 0$, $\sigma_2 > 0$) in der Verlängerung der großen Hauptachse der Ellipse aus. Dieser Spannungszustand tritt vor allem beim Streckziehen sowie beim Tiefziehen im Bereich der Zarge auf. Eine Verlängerung der großen Hauptachse bedeutet, daß der plastische Zustand erst bei größeren relativen Spannungen σ_1/k_f bzw. σ_2/k_f erreicht wird. Für die Verfahren Tief- und Streckziehen bedeutet dies, daß in den Bereichen, in denen dieser Spannungszustand vorliegt, größere Kräfte übertragen werden können [36]. Dies äußert sich z. B. beim Tiefziehen in größeren Grenzziehverhältnissen.

Die mit den hohen Verfestigungsexponenten der Aluminiumlegierungen verbundenen Vorzüge werden insgesamt durch die relativ niedrigen r-Werte zumindest teilweise aufgehoben.

Dieser Vergleich der Eigenschaften läßt keinen grundsätzlichen Unterschied zwischen den Einflüssen der Vorgangsparameter beim Ziehen von Blechteilen aus Stahl und Aluminiumlegierungen vermuten, lediglich die Verfahrensgrenzen werden vom unterschiedlichen Umformverhalten des Werkstück-Werkstoffs geprägt sein.

Die Auswirkungen von Ziehverhältnis und Ziehtiefe auf den Kraftbedarf gleichen sich somit für Stahl und Aluminiumlegierungen. Trotz der hohen Verfestigungsexponenten sind mit den Aluminiumlegierungen geringere Grenzziehverhältnisse erreichbar. Das in [86, 43] in Abhängigkeit vom relativen Stempeldurchmesser für Stahl angegebene Grenzziehverhältnis von $\beta_{max} = 2,1$ bei $d_{St}/s_0 = 125$ wird von den Legierungen des Typs AlMg unter vergleichbaren Bedingungen um fast 4 % und von der kaltausgehärteten Legierung AlMg 0,4 Si 1,2 um etwa 8 % unterschritten. Die dort für den Legierungstyp AlMn und für Al 99,5 enthaltenen Grenzwerte werden allerdings von den untersuchten Aluminiumlegierungen überschritten, vermutlich auch bei größeren relativen Stempeldurchmessern.

Die Auswirkungen der Bodenform auf Kraftbedarf und Formänderungsverteilung können wegen fehlender Vergleichsmöglichkeiten nicht gegenübergestellt werden. Dasselbe gilt für den Einfluß des Ziehspalts. Bei den weiteren werkzeugseitigen Vorgangsparametern ergibt der Vergleich mit den Untersuchungen von Hasek [62, 61], daß sich der Kraftbedarf auch bei Stahlblechen mit zunehmendem Ziehkantenradius verringert. Im Bereich zwischen 4 mm und 10 mm nimmt die Kraft linear um insgesamt etwa 13 % ab, was gleichermaßen für die Aluminiumlegierungen zu beobachten ist. Eine weitere Übereinstimmung besteht in den Auswirkungen auf die Formänderungsverteilung, die wesentlich weniger als der Kraftbedarf beeinflußt wird. Bei den mit Stahlblechen durchgeführten Untersuchungen wurde allerdings hauptsächlich der Vergleichsumformgrad betrachtet. Bei dieser Bewertung besteht jedoch die Möglichkeit, daß bei gleichzeitiger Beeinflussung von φ_1 und φ_2 in gewissen Fällen keine Veränderung von φ_V erkennbar ist.

Zum Vergleich des Einflusses von Ziehleistengeometrie und -anordnung wurden aus den in [61] enthaltenen Ergebnissen die Bilder B 42 und B 44 zusammengestellt. Aufgrund der bei diesen Versuchen geringeren Ziehtiefe und des höheren Niederhalterdrucks ergeben sich ein etwas niedrigerer Kraftbedarf und wesentlich höhere auf die Ziehleisten wirkende Kräfte. Die Größenordnungen bleiben jedoch jeweils erhalten; auch hier wurde für die in senkrechter Richtung auf die Ziehleiste wirkende Kraft etwa das 10fache der in waagrechter Richtung wirkenden Kraft gemessen.
Der Einfluß der Ziehleistenbreite auf den Kraftbedarf zeigt ein deutliches Maximum für 10 mm und 12 mm (Bild B 42), was bei den Aluminiumlegierungen nicht beobachtet werden konnte (vgl. Bild B 27). Dies ist sicher zum Teil darauf zurückzuführen, daß die Versuche mit den Aluminiumlegierungen dicht unterhalb der Verfahrensgrenze durchgeführt wurden und die maximale Stempelkraft in etwa der Bodenreißkraft entspricht. Dennoch besteht bei AlMg 5 kein Unterschied zwischen dem Kraftbedarf bei 8 mm und 10 mm Breite. Sehr verschiedene Auswirkungen sind bei der in senkrechter Richtung auf die Ziehleisten wirkenden Kraft zu beobachten: Während bei Stahlblechen analog der Stem-

pelkraft ein Maximum bei einer Breite von 10 mm festgestellt wurde, ergibt sich für die Aluminiumlegierungen eindeutig eine Zunahme mit der Ziehleistenbreite - ein Unterschied, dessen Ursache nicht bekannt ist. Eine sehr gute Übereinstimmung zeigt der Vergleich der waagrechten Bremskraft. Das Verschieben des Maximums bei 10 mm Breite für Stahlblech zu 12 mm Breite für Aluminiumlegierungen sowie die wesentlich größeren Kraftunterschiede bei Stahlblech können möglicherweise auf die Unterschiede in der Oberflächenbeschaffenheit zurückgeführt werden. Die geringere Reibzahl der Aluminiumlegierungen läßt vermuten, daß die Bremswirkung der Ziehleisten mehr auf die Umlenkung des Bleches durch die Ziehleisten als auf die wegen des längeren Weges größere Reibkraft zurückzuführen ist. Die Formänderungsverteilung der Stahlbleche ist von der geringeren Ziehtiefe gekennzeichnet: Der Bereich der für das Tiefziehen typischen Formänderungen ($\varphi_1 > 0$, $\varphi_2 < 0$) wird praktisch nicht erreicht. Dennoch ist zu erkennen, daß für 8 mm Breite eine günstigere Formänderungsverteilung entsteht als für 10 mm, 12 mm und 16 mm - eine tendenzielle Übereinstimmung mit den bei Aluminiumlegierungen gewonnenen Erkenntnissen (vgl. Bilder B 42 und B 28).

Eine gute Übereinstimmung besteht weiter bei den Auswirkungen der Ziehleistenhöhe auf den Kraftbedarf und auf die in senkrechter Richtung auf die Ziehleiste wirkende Kraft (vgl. Bilder B 29 und B 43). Die mit zunehmender Ziehleistenhöhe bei Aluminiumlegierungen festgestellte stark ansteigende waagrechte Bremskraft erscheint logisch, während bei Stahlblechen für $h_Z/b_Z = 0{,}3$ ein Minimum zu erkennen ist, für das in [61] keine Erklärung angeführt wird. Den Formänderungsverteilungen ist zu entnehmen, daß eine Höhe von 1,2 mm oder 3,6 mm wesentlich ungünstigere Ziehbedingungen darstellt als 2,4 mm oder 5 mm. Dabei ist nicht eindeutig erkennbar, ob eine Höhe von 2,4 mm auch bei größerer Ziehtiefe das Optimum darstellen würde oder ob wegen des größeren Formänderungsvermögens der Stahlbleche die starke Bremswirkung bei 5 mm Höhe insgesamt eine günstigere Formänderungsverteilung bewirken würde.

Aus den Bildern B 31 und B 32 kann für AlMg 5 und AlMg 0,4 Si 1,2 abgeleitet werden, daß ein großer Abstand zwischen Ziehleiste und Ziehkante einen wesentlich geringeren Kraftbedarf zur Folge hat als ein kleinerer Abstand oder die doppelte Anordnung der Ziehleisten. Das stimmt mit den Untersuchungen an Stahlblechen überein (Bild B 44). Während die Vergrößerung der Bremswirkung bei den Aluminiumlegierungen auf eine zunehmende waagrechte Bremskraft zurückzuführen ist, wird bei Stahlblechen eine Steigerung der in senkrechter Richtung auf die Ziehleiste wirkenden Kraft verzeichnet. Die Auswirkungen auf die Formänderungsverteilung sind bei Stahlblech in tangentialer Richtung stärker ausgeprägt als in radialer Richtung. So stellen sich bei kurzem Abstand zwischen Ziehleiste und Ziehkante deutlich geringere Werte für φ_T ein als bei großem Abstand. Im Hinblick auf das Minimum der Grenzformänderungskurve bei $\varphi_T = 0$ scheint somit die Formänderungsverteilung bei großem Abstand günstiger zu sein. Die doppelte Ziehleistenanordnung führt trotz der großen Bremswirkung zu den niedrigsten radialen Formänderungen. In diesem Fall gilt der Zusammenhang "hoher Kraftbedarf - ungünstige Formänderungsverteilung" offensichtlich nicht.

Eine qualitative Übereinstimmung zwischen den bei Stahl und Aluminium durchgeführten Untersuchungen besteht hinsichtlich des Einflusses des Niederhalterdrucks: Sowohl beim Kraftbedarf als auch bei den Formänderungsverteilungen werden in [61] Auswirkungen angegeben, die mit den in den Bildern B 39 und B 40 enthaltenen Ergebnissen vergleichbar sind.

Zusammenfassend ist diesem Vergleich mit Stahlblechen zu entnehmen, daß die untersuchten Aluminiumlegierungen ein gegenüber Tiefziehstahlblechen geringeres Formänderungsvermögen aufweisen, das trotz höheren Verfestigungsexponenten von relativ niedrigen Gleichmaßdehnungen und geringen Werten der senkrechten Anisotropie geprägt ist. Ein grundsätzlicher Unterschied wurde im Einfluß des Winkels zwischen Walzrichtung und Hauptbeanspruchungsrichtung festgestellt: Bei den Aluminiumlegierungen lassen sich unter 90 ° zur Walzrichtung höhere Dehnungen erzielen als parallel dazu.

Zwischen den Einflüssen der einzelnen Verfahrensparameter beim Ziehen von Stahl- und Aluminiumblechteilen bestehen keine grundsätzlichen Unterschiede. Das geringere Formänderungsvermögen der Aluminiumlegierungen ist maßgebend für die Verfahrensgrenzen.

Offen geblieben sind hauptsächlich Fragen aus dem Bereich der Wirkfuge bzw. Tribologie: Der Einfluß der Oberflächenbeschaffenheit des Bleches, die Veränderung der Oberfläche beim Umformen, der Zusammenhang zwischen der chemischen Zusammensetzung eines Schmierstoffs und seiner Eignung zum Tiefziehen sowie der Einfluß von Oberflächenbeschaffenheit und Werkstoff des Werkzeugs. Darüber hinaus konnte der Einfluß der Werkzeuggeschwindigkeit, der in unmittelbarem Zusammenhang mit dem verwendeten Schmierstoff zu betrachten ist, nur für einen schmalen Geschwindigkeitsbereich untersucht werden. Die Klärung dieser Fragen im Hinblick auf das Umformen von Blechen aus Aluminiumlegierungen und im Vergleich mit Stahlblechen erfordert eine getrennte Untersuchung, die mit Rücksicht auf die Vergleichbarkeit möglichst beide Werkstoffe gleichzeitig erfassen sollte.

6 Folgerungen für die industrielle Anwendung

Das gegenüber Tiefziehstahlblechen geringere Formänderungsvermögen der untersuchten Aluminiumlegierungen macht es notwendig, bei der Konstruktion der Ziehteile eine fertigungsgerechte Gestalt anzustreben sowie bei der Fertigungsplanung und der Fertigung selbst optimale Vorgangsbedingungen festzulegen.

Beim Ziehen von Blechteilen hat diese Optimierung das Ziel, den Vorgang mit einem möglichst geringen Kraftbedarf durchzuführen und im Ziehteil eine möglichst günstige Formänderungsverteilung zu erreichen. Im Hinblick auf die Verfahrensgrenzen bedeutet dies, daß die radialen Formänderungen φ_R bzw. φ_1 so klein wie möglich gehalten werden, damit ein ausreichender Abstand zur Grenzformänderungskurve, d. h. eine ausreichende Fertigungsicherheit, verbleibt.

Bei flachen Ziehteilen, d. h. bei Teilen mit sehr geringer Ziehtiefe und mit sehr geringen Formänderungen im Bodenbereich, gelten allerdings andere Kriterien. Hier ist wegen des großen Abstandes zur Verfahrensgrenze die Höhe des Kraftbedarfs unerheblich. In allen Bereichen des Ziehteiles müssen bleibende Formänderungen erzielt werden, damit die gewünschte Gestalt des Ziehteils auch nach Beendigung des Umformvorganges bestehen bleibt. Die dabei zu berücksichtigenden unteren Grenzwerte sind nicht Gegenstand dieser Betrachtung.

Das größte Formänderungsvermögen der untersuchten Legierungen weist AlMg 5 auf. Dieser Werkstoff bietet sich demzufolge für komplizierte Ziehteile oder große Ziehverhältnisse an. Typisch für diese Legierung ist eine sehr gleichmäßige Dehnungsverteilung im Zugversuch, was bei Ziehteilen zu einem Abbau von Spannungs- bzw. Formänderungsspitzen und damit zu einer relativ günstigen Formänderungsverteilung führt. Die Legierung AlMg 2,5 kann nicht so eindeutig eingestuft werden. Sie erreicht zwar beim Tiefziehen im Erstzug ein ähnliches Grenzziehverhältnis wie AlMg 5, zeigt sich aber der beim Ziehen von quadratischen Teilen auftretenden Beanspruchung am wenigsten gewachsen. Umgekehrt zeichnet sich die kalt ausgehärtete Legierung AlMg 0,4 Si 1,2 durch ein relativ geringes Grenzzieh-

verhältnis beim Tiefziehen im Erstzug und ein überraschend gutes Umformverhalten beim Ziehen von quadratischen Ziehteilen über Ziehleisten aus. Bei schwierigen Ziehteilen ist deshalb die kalt ausgehärtete Legierung der Legierung AlMg 2,5 vorzuziehen, sofern nicht AlMg 5 verwendet werden kann.
Bei der Berechnung des Kraftbedarfs ist zu berücksichtigen, daß das Umformen von AlMg 0,4 Si 1,2 im Vergleich zu AlMg 5 trotz geringerer Zugfestigkeit und Streckgrenze etwa 10 % höhere Kräfte erfordert. Aufgrund von Unterschieden der Oberflächenbeschaffenheit ist für AlMg 0,4 Si 1,2 eine höhere Reibzahl anzusetzen.

Charakteristisch für die Aluminiumlegierungen sind der im Vergleich zu Stahl hohe Verfestigungsexponent sowie die niedrige senkrechte Anisotropie, die gleichzeitig mit einer relativ niedrigen ebenen Anisotropie verbunden ist. Somit ist nur eine geringe Neigung zur Zipfelbildung vorhanden.
Im Gegensatz zu Stahlblechen sind bei den untersuchten Aluminiumlegierungen unter 90 ° zur Walzrichtung höhere Gleichmaß- und Bruchdehnungen erreichbar. Dies gilt nicht nur für die einachsige Beanspruchung im Zugversuch, sondern auch für die unter zweiachsigem Spannungszustand ermittelten Grenzformänderungskurven. Bei unregelmäßigen Ziehteilen sollten daher die Platinen so zugeschnitten werden, daß die Walzrichtung senkrecht zur Richtung der größten Dehnung verläuft. Beim scharfkantigen 180°-Biegen ist es z. B. günstiger, wenn die Biegeachse parallel zur Walzrichtung verläuft [22].

Beim Tiefziehen im Erstzug sind gegenüber Stahlblechen insgesamt kleinere Ziehverhältnisse erreichbar. Die von Siebel und Kotthaus [86, 43] für Al 99,5 und AlMg angeführten Grenzkurven für das maximal erreichbare Ziehverhältnis in Abhängigkeit vom Stempeldurchmesser werden jedoch deutlich überschritten.

Beim Ziehen von kreiszylindrischen Näpfen hat die Bodenform nahezu keinen Einfluß auf die Verfahrensgrenze, hinsichtlich des Kraftbedarfs empfiehlt sich jedoch ein relativer Stempelkantenradius $r_{St}/s_0 = 25$.

Bei der Festlegung der Zuschnittsform sollte normalerweise

eine möglichst kleine Platinenfläche angestrebt werden, da damit das Ziehverhältnis und der Kraftbedarf verringert werden und eine günstigere Formänderungsverteilung erzielt wird. In besonderen Fällen wie z. B. bei unregelmäßigen Ziehteilen kann durch eine größere Platinenfläche örtlich eine Bremswirkung erzielt werden, die den Werkstofffluß günstig beeinflußt. Darüber hinaus kann ggf. die Neigung zur Faltenbildung durch die stützende Wirkung eines größeren Flansches verringert werden. Eine allgemeine Betrachtung dieser Zusammenhänge ist jedoch wegen der geometrischen Vielfalt der Ziehteile nicht möglich.

Bei der Wahl des Schmierstoffs zum Umformen von Blechen aus Aluminiumlegierungen ist zu berücksichtigen, daß eine höhere kinematische Viskosität gegenüber einem dünnflüssigen Schmierstoff zu einem bis zu ca. 10 % niedrigeren Kraftbedarf und zu einer deutlich günstigeren Formänderungsverteilung führt. Eine weitere Verbesserung kann durch die Verwendung einer Ziehfolie auf der Seite des Ziehrings erreicht werden, was den Kraftbedarf im Vergleich zum dünnflüssigen Schmierstoff um bis zu 15 % verringert. Bezüglich der Zusammensetzung oder der Schichtdicke des Schmierstoffs können aus der vorliegenden Untersuchung keine Schlüsse gezogen werden, zur Klärung dieser Frage sind weitere Versuche notwendig.
Bis zu einem relativen Ziehkantenradius $r_Z/s_0 = 16$ verringert sich der Kraftbedarf wesentlich stärker als bei größeren Radien, was sowohl beim Ziehen von kreisrunden Näpfen als auch bei quadratischen Ziehteilen festgestellt werden konnte. Somit empfiehlt sich die Verwendung relativer Ziehkantenradien von mindestens $r_Z/s_0 = 16$. Dies sollte auch bei der Konstruktion von Blechteilen mit Flansch berücksichtigt werden, wo für den Übergangsradius zwischen Zarge und Flansch dieser Wert bevorzugt werden sollte.

Der Ziehspalt übt einen besonders großen Einfluß auf den Kraftbedarf und die Formänderungsverteilung aus. Zwischen $u_Z/s_0 = 0{,}8$ und $u_Z/s_0 = 1{,}6$ besteht ein Kraftunterschied von etwa 40 %. Deshalb sollte möglichst ein relativer Ziehspalt von $u_Z/s_0 > 1{,}2$ angestrebt werden. Dies ist jedoch mit einer größeren Unrundheit und größeren Wanddickenunterschieden verbunden [59], was dazu führt, daß bei schwierigen Ziehteilen im Bereich der Verfahrensgrenze zunächst auf eine hohe Maßgenauigkeit zu verzichten ist.

Bei der Verwendung von Ziehleisten zur Steuerung des Stoffflusses kommt der Wahl der Breite weniger Bedeutung zu als der Höhe, über die eine empfindliche Beeinflussung der Bremswirkung möglich ist. Somit kann die bereits beim Ziehen von Stahlblechen bewährte Vorgehensweise beibehalten werden, bei der zunächst im Werkzeug Ziehleisten konstanter Breite und Höhe eingebaut werden. Erst in anschließenden Ziehversuchen wird die den Erfordernissen entsprechende Höhe durch Abschleifen ermittelt. Anhand von quadratischen Ziehteilen konnte nachgewiesen werden, daß es eine "optimale Ziehleistenhöhe" gibt.
Der Abstand zwischen Ziehleistenmitte und Ziehkante ist eine weitere Einflußgröße auf die Höhe der Bremswirkung. Mit abnehmendem Abstand nimmt die Bremskraft zu. Bei entsprechender Anordnung ist die Bremswirkung einer doppelten Ziehleistenanordnung zu erzielen. Somit besteht die Möglichkeit, zwei Ziehleisten durch eine dicht an der Ziehkante angeordnete zu ersetzen, womit ggf. eine Platine kleinerer Fläche verwendet werden kann, auch wenn die Ziehleisten bis zum Ende des Vorgangs im Eingriff bleiben müssen.

Auch für die untersuchten Aluminiumlegierungen kann der beim Ziehen von kreisrunden Teilen erforderliche Niederhalterdruck nach (3) berechnet werden (siehe Abschnitt 4.4.1).
Bei Verwendung eines relativ dickflüssigen Schmierstoffs konnte kein Einfluß auf den Kraftbedarf festgestellt werden, während die geringfügig unterschiedlichen Formänderungsverteilungen auf ein Optimum bei dem nach [38] berechneten Niederhalterdruck hinweisen.
Beim Ziehen von unregelmäßigen Teilen ist der Niederhalterdruck im Hinblick auf Kraftbedarf und Formänderungsverteilung dann optimal eingestellt, wenn die Faltenbildung im Flansch gerade noch unterdrückt wird. Eine unnötige Erhöhung der Niederhalterkraft führt insbesondere in Verbindung mit Ziehleisten zu einer erheblichen Vergrößerung des Kraftbedarfs und zu einer Ver-

schiebung der Formänderungsverteilung in Richtung auf die Grenzformänderungskurve.

Einen Überblick über den Einfluß der untersuchten Verfahrensparameter gibt Bild B 45. Dort sind die Auswirkungen der einzelnen Parameter auf den Kraftbedarf, die Bremswirkung der Ziehleisten und die Formänderungsverteilung im Ziehteil grob klassifiziert. Darüber hinaus wurden die für das Umformen von Aluminiumlegierungen optimalen Bedingungen angegeben, sofern diese als allgemein gültig anzusehen waren. Dennoch stellt diese im wesentlichen qualitative Zusammenstellung nur eine Übersicht dar. Eine allgemein gültige Entscheidungstabelle mit quantitativen Angaben für die Festlegung der einzelnen Parameter kann derzeit nicht aufgestellt werden. Dazu fehlen zum großen Teil noch Unterlagen wie z. B. über die Berechnung des Niederhalterdrucks beim Ziehen von unregelmäßigen Teilen über Ziehleisten, über die Ermittlung der optimalen Zuschnittsform oder über die Anordnung von Ziehleisten.

7 Zusammenfassung

Das Ziehen von Blechteilen aus Aluminiumlegierungen ist von einem im Vergleich zu Tiefziehstahlblechen geringeren Formänderungsvermögen gekennzeichnet. Diesem Umstand ist durch eine optimale Durchführung des Ziehvorgangs Rechnung zu tragen. Die vorliegende Arbeit versucht, die dazu notwendigen Voraussetzungen zu erfassen.

Eine Analyse der für die Vorgangsoptimierung maßgebenden Einflußgrößen unterscheidet entsprechend einem allgemeinen System zur Betrachtung von Umformvorgängen die Bereiche Werkstück, Wirkfuge, Werkzeug und Maschine. Die einzelnen Parameter jedes Bereiches werden überprüft, ob sie aufgrund der vom Werkstück geforderten Geometrie oder Eigenschaften festgelegt sind oder ob sie innerhalb gewisser Grenzen zur Vorgangsoptimierung frei gewählt werden können. Ziel der Optimierung sind im Hinblick auf die Verfahrensgrenzen ein möglichst geringer Kraftbedarf und ein möglichst großer Abstand zwischen der Grenzformänderungskurve und den Formänderungen des Ziehteils.

Zur Bestimmung des Einflusses der Vorgangsparameter wurden die naturharten Legierungen AlMg 2,5 und AlMg 5 sowie die kalt ausgehärtete Legierung AlMg 0,4 Si 1,2 ausgewählt. Die mechanischen Eigenschaften sowie die Fließ- und Grenzformänderungskurven dieser Legierungen wurden in Zug- und Tiefungsversuchen bestimmt. Abgesehen von niedrigeren Werten für Zugfestigkeit, Streckgrenze, Gleichmaß- und Bruchdehnung sind die im Vergleich zu Stahlblechen geringe senkrechte Anisotropie und der hohe Verfestigungsexponent besondere Merkmale der Aluminiumlegierungen. Für die naturharten Legierungen vom Typ AlMg ist ferner typisch, daß sie unter 90 ° zur Walzrichtung höhere Dehnungen ertragen können als parallel zur Walzrichtung.

Beim Ziehen von kreiszylindrischen Näpfen und quadratischen Ziehteilen mit Flansch wurde der Einfluß der werkstückseitigen Größen Werkstoff, Ziehverhältnis bzw. Ziehtiefe, Zuschnittsform und Bodenform des Ziehteils auf Kraftbedarf und Formänderungsverteilung bestimmt. Aus dem Bereich der Wirkfuge konnte lediglich der Schmierstoff variiert werden, während die

Oberflächenbeschaffenheit von Werkzeug und Werkstück sowie der Werkstoff des Ziehwerkzeugs nicht mit einbezogen werden konnten. Als werkzeugseitige Einflußgrößen wurden verschiedene Ziehkantenradien, Ziehspalte sowie die Geometrie und Anordnung von Ziehleisten untersucht. Den Abschluß bildete die Ermittlung des Einflusses der an der Maschine einstellbaren Größen Niederhalterdruck und Stößelgeschwindigkeit.

Bei allen Parametern zeigte sich, daß die Auswirkungen auf Kraftbedarf und Formänderungsverteilung tendenziell übereinstimmen: Ungünstige Vorgangsbedingungen führen zu einem höheren Kraftbedarf und gleichzeitig zu einer Verschiebung der Formänderungsverteilung zur Grenzformänderungskurve hin. Anhand dieser Kriterien war eine qualitative und quantitative Beurteilung des Einflusses der einzelnen Vorgangsparameter möglich. Darüber hinaus konnten optimale Bedingungen erkannt werden.

Die sich daraus ergebenden Folgerungen für die industrielle Anwendung und der Vergleich mit den für das Umformen von Stahlblechen bekannten Richtwerten zeigen, daß beim Ziehen von Blechteilen aus Aluminiumlegierungen grundsätzlich dieselben Gesetzmäßigkeiten gelten wie bei Stahlblech. Der wesentliche Unterschied besteht in den mechanischen Eigenschaften, woraus das gegenüber Stahl geringere Formänderungsvermögen folgt.
Die Kenntnis dieser Eigenschaften einerseits und der Einflüsse der einzelnen Vorgangsparameter andererseits ermöglicht eine optimale Abstimmung der Vorgangsbedingungen - die wichtigsten Voraussetzungen für das erfolgreiche Umformen von Blechen aus Aluminiumlegierungen.

8 Bilder und Tabellen

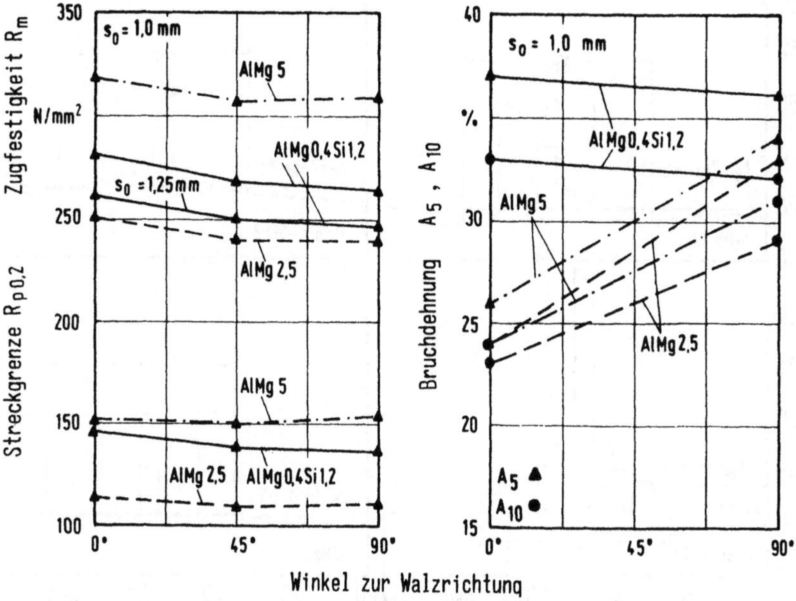

Bild B 1: Zugfestigkeit, Streckgrenze und Bruchdehnung.

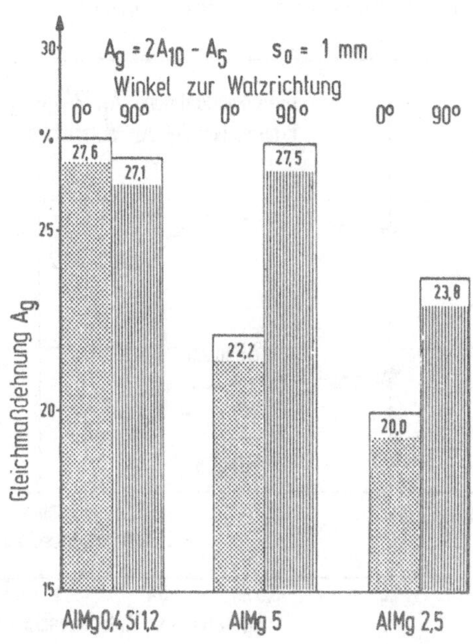

Bild B 2: Gleichmaßdehnung.

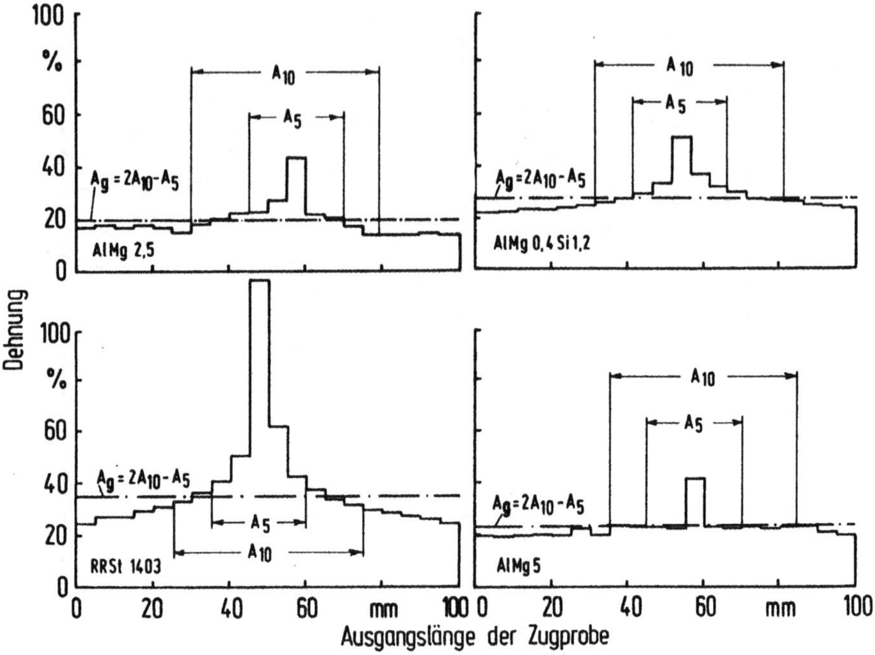

Bild B 3: Dehnungsverteilung in der Zugprobe.

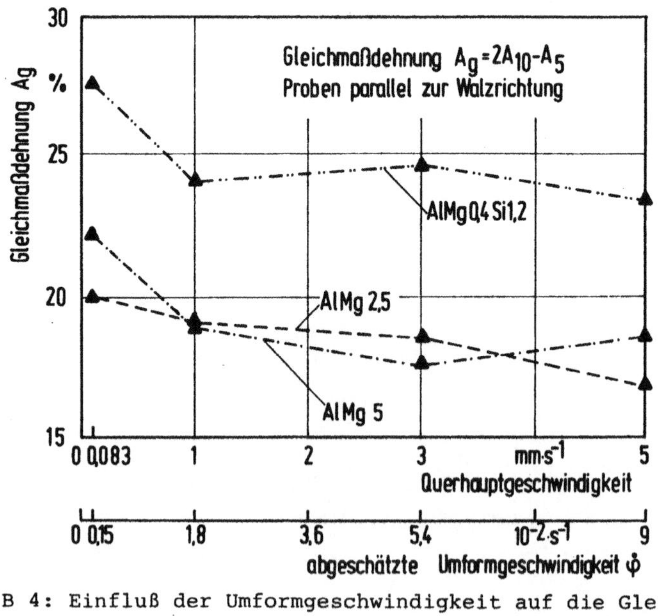

Bild B 4: Einfluß der Umformgeschwindigkeit auf die Gleichmaß-dehnung.

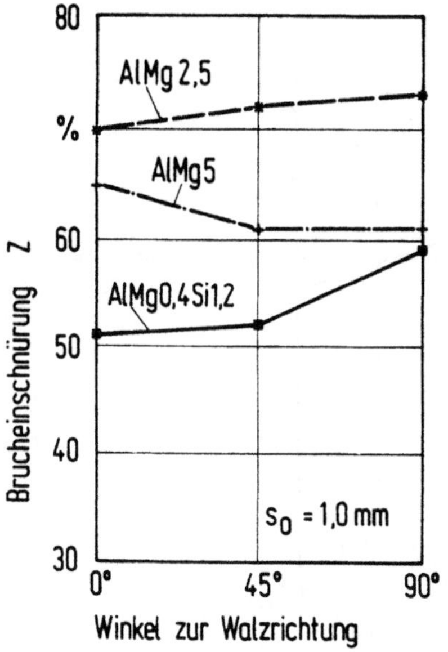

Bild B 5: Brucheinschnürung.

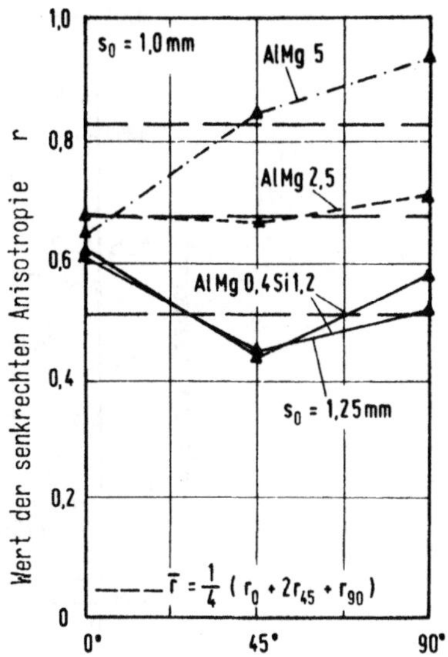

Bild B 6: Senkrechte Anisotropie.

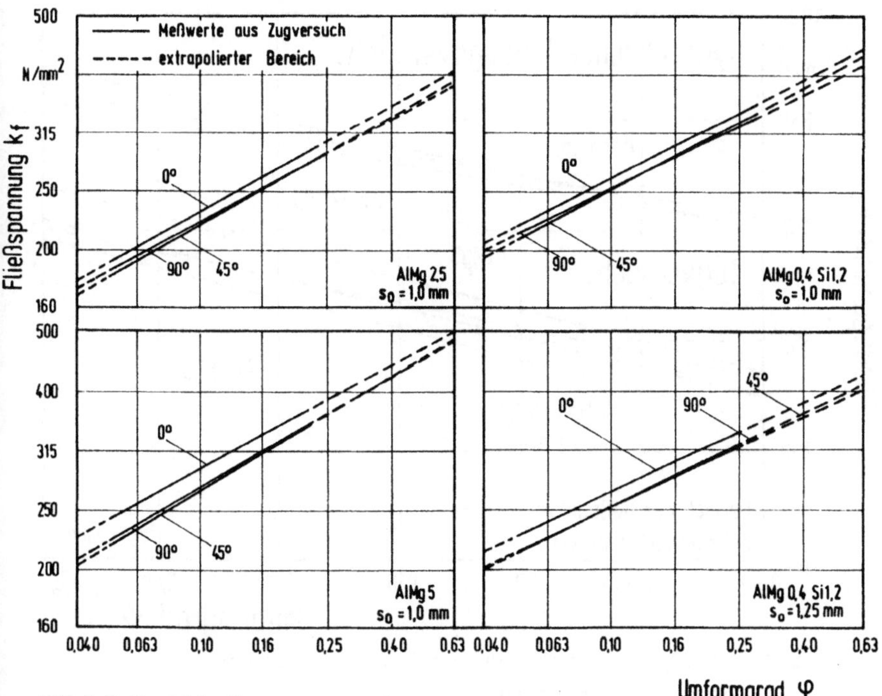

Bild B 7: Fließkurven aus dem Zugversuch.

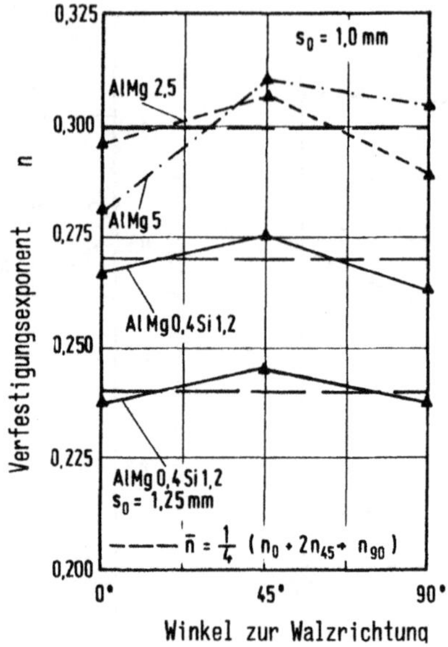

Bild B 8: Verfestigungsexponent.

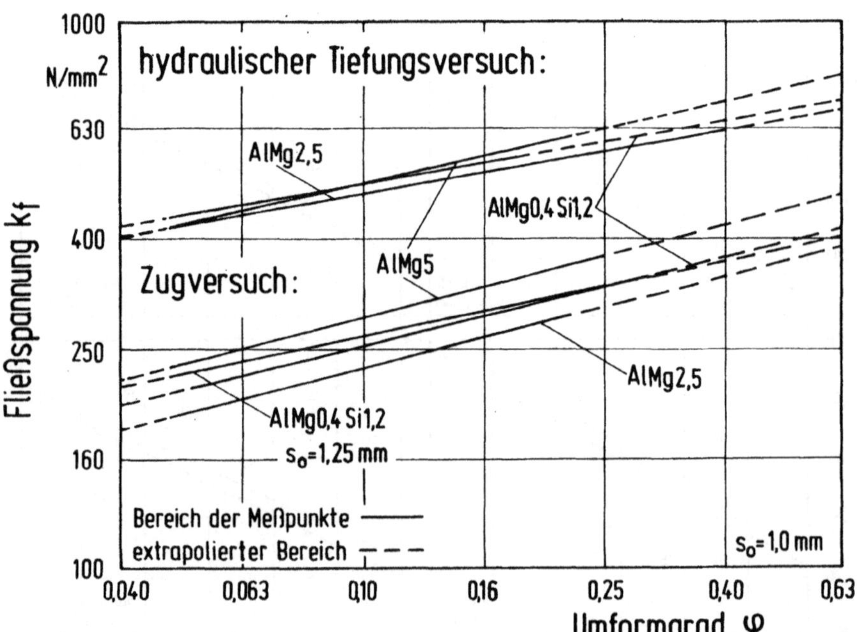

Bild B 9: Fließkurven aus dem hydraulischen Tiefungsversuch und dem Zugversuch.

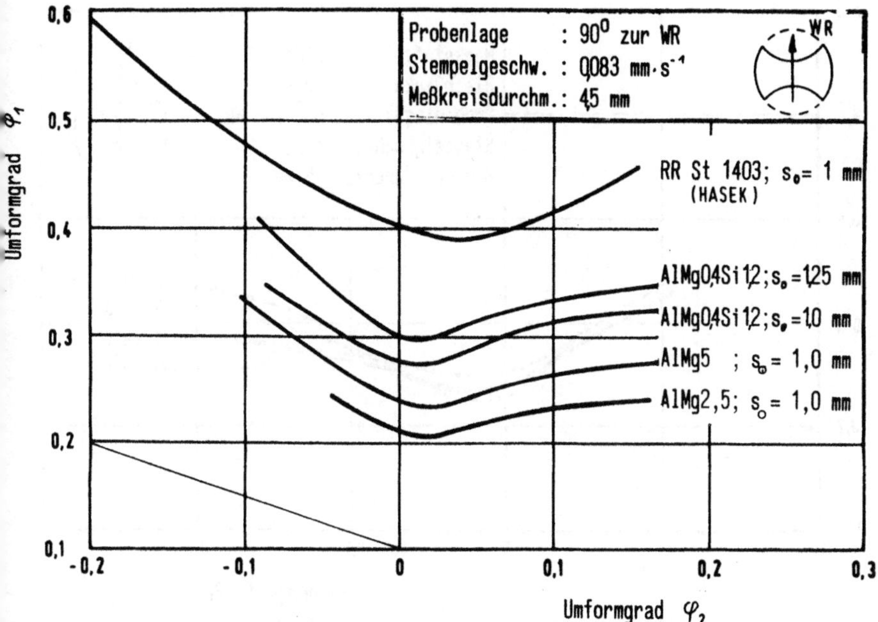

Bild B 10: Grenzformänderungskurven.

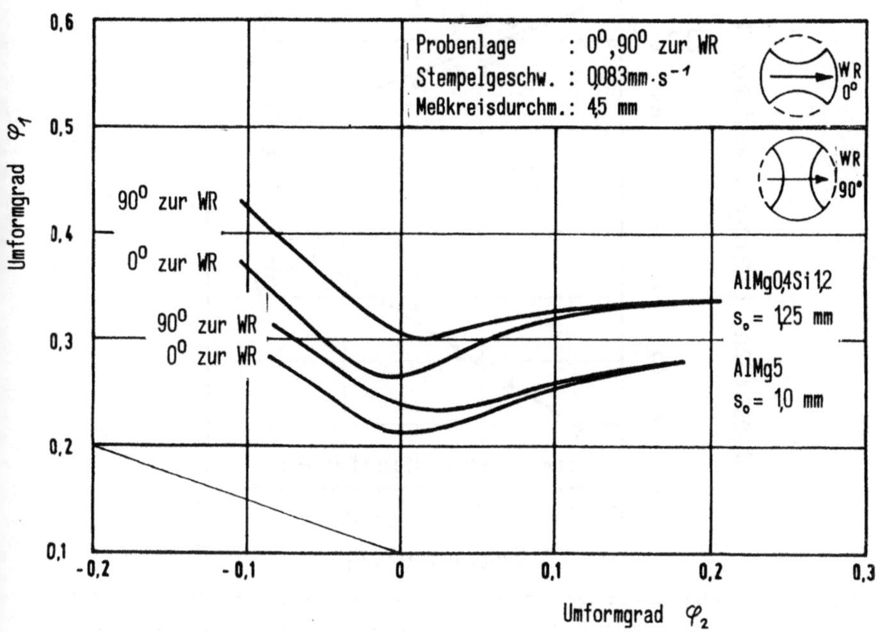

Bild B 11: Einfluß der Probenlage auf die Grenzformänderungskurve.

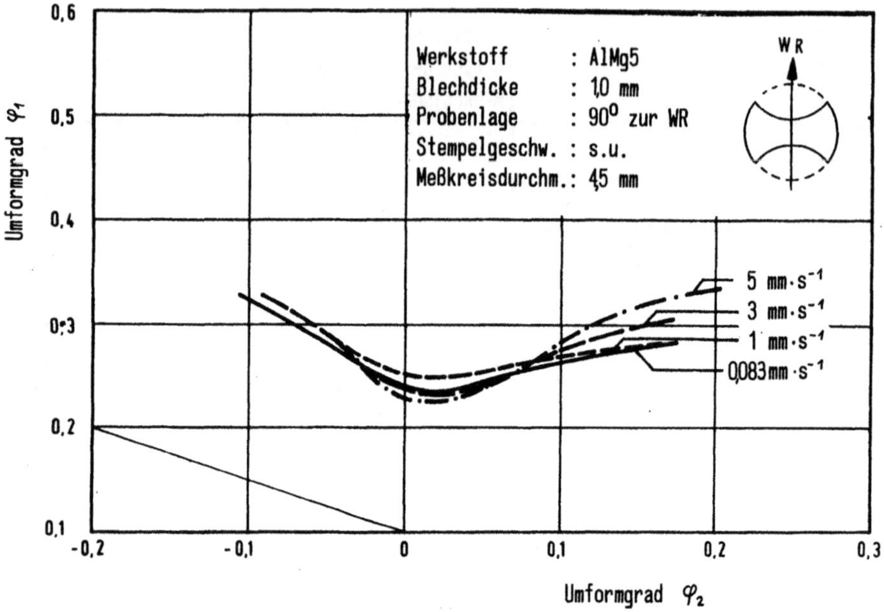

Bild B 12: Einfluß der Tiefungsgeschwindigkeit.

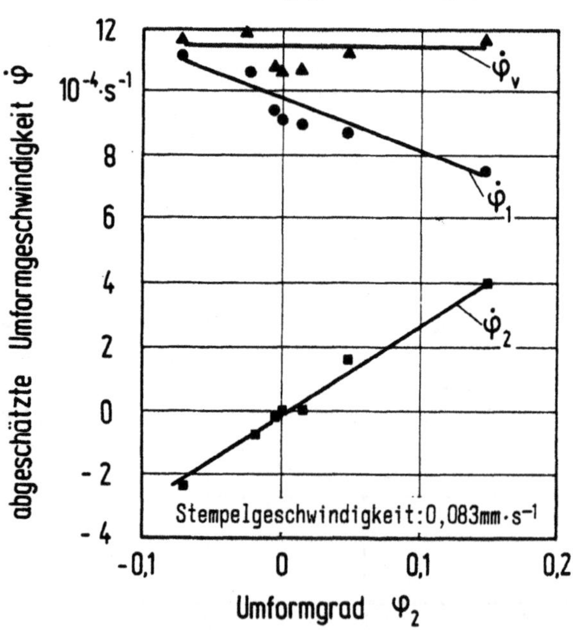

Bild B 13: Abgeschätzte Umformgeschwindigkeit bei den verschiedenen Probenformen zur Aufnahme der Grenzformänderungskurve.

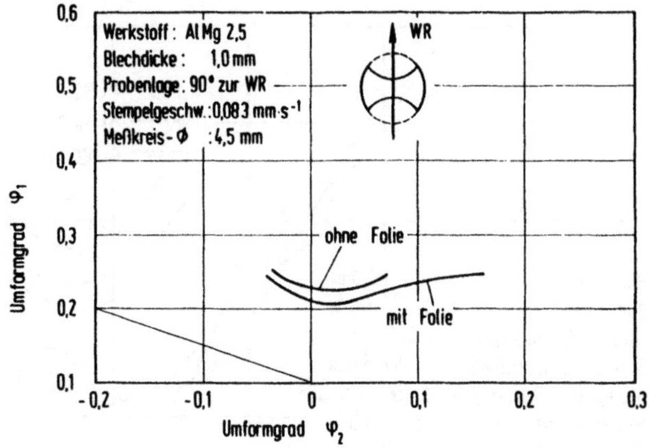

Bild B 14: Einfluß des Schmierstoffs auf die Grenzformänderungskurve.

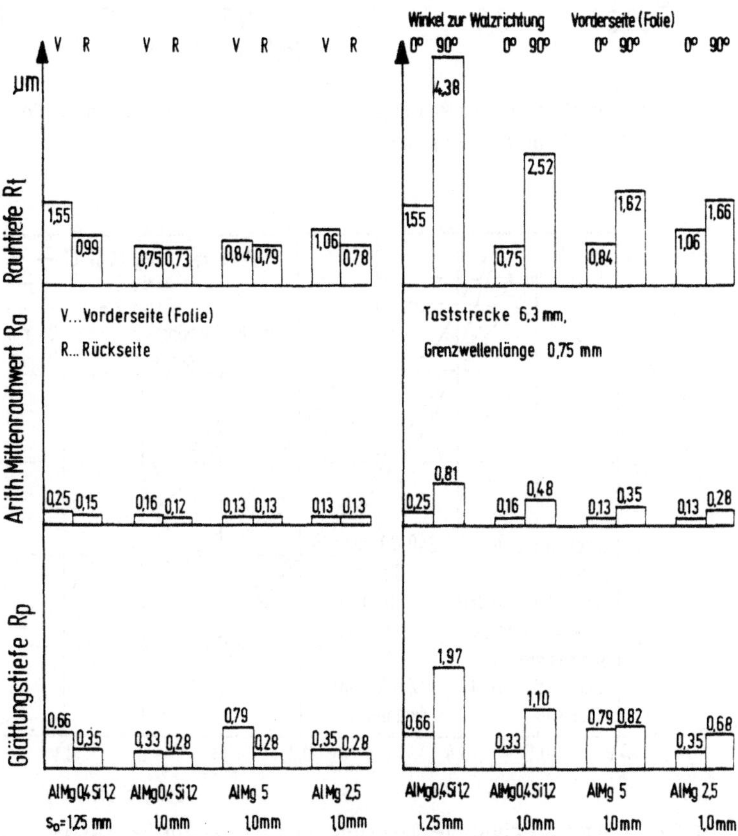

Bild B 15: Oberflächenbeschaffenheit der Versuchswerkstoffe.

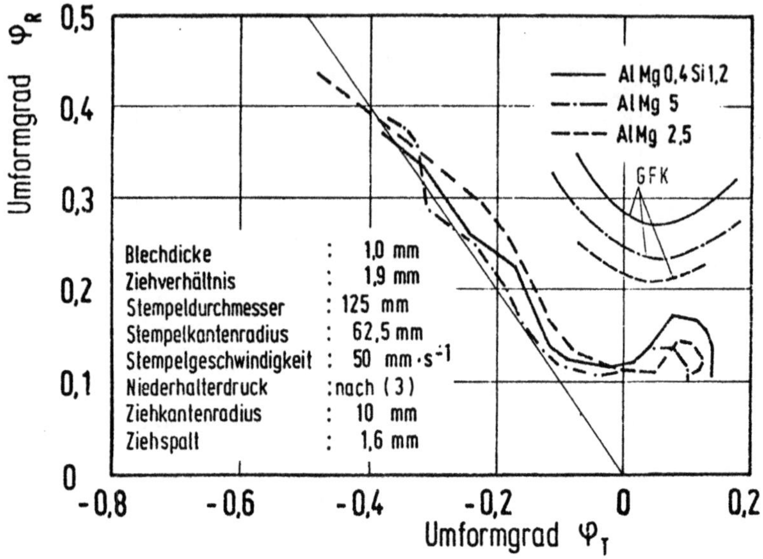

Bild B 16: Formänderungsverteilung der Versuchswerkstoffe in kreisrunden Näpfen.

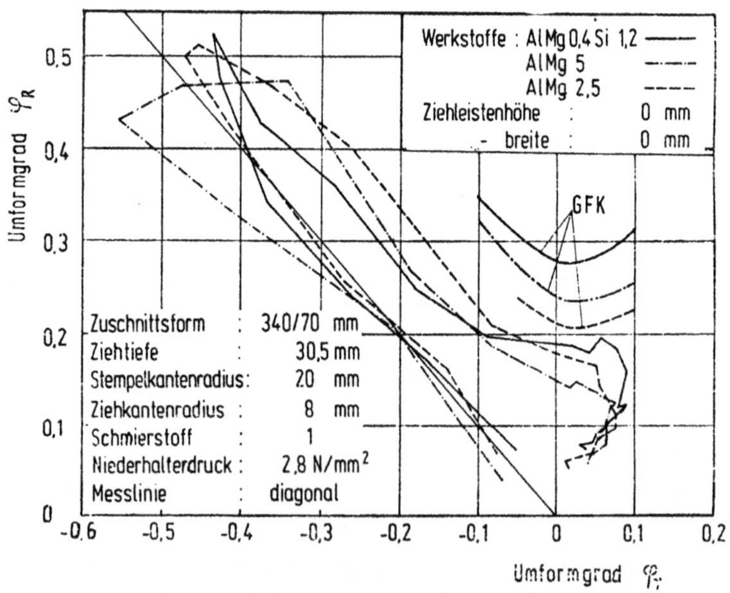

Bild B 17: Formänderungsverteilung der Versuchswerkstoffe in quadratischen Ziehteilen.

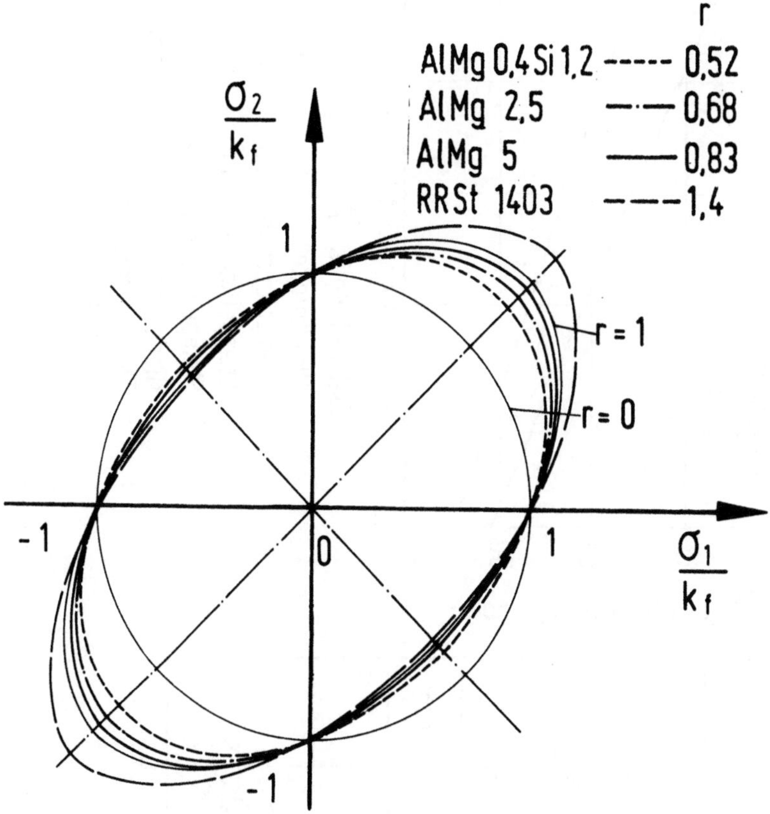

$$\sigma_1^2 - \frac{2\bar{r}}{\bar{r}+1}\,\sigma_1\,\sigma_2 + \sigma_2^2 = k_f^2$$

Annahme: keine ebene Anisotropie

Bild B 18: Fließortkurven der untersuchten Aluminiumlegierungen im Vergleich zu Stahlblech.

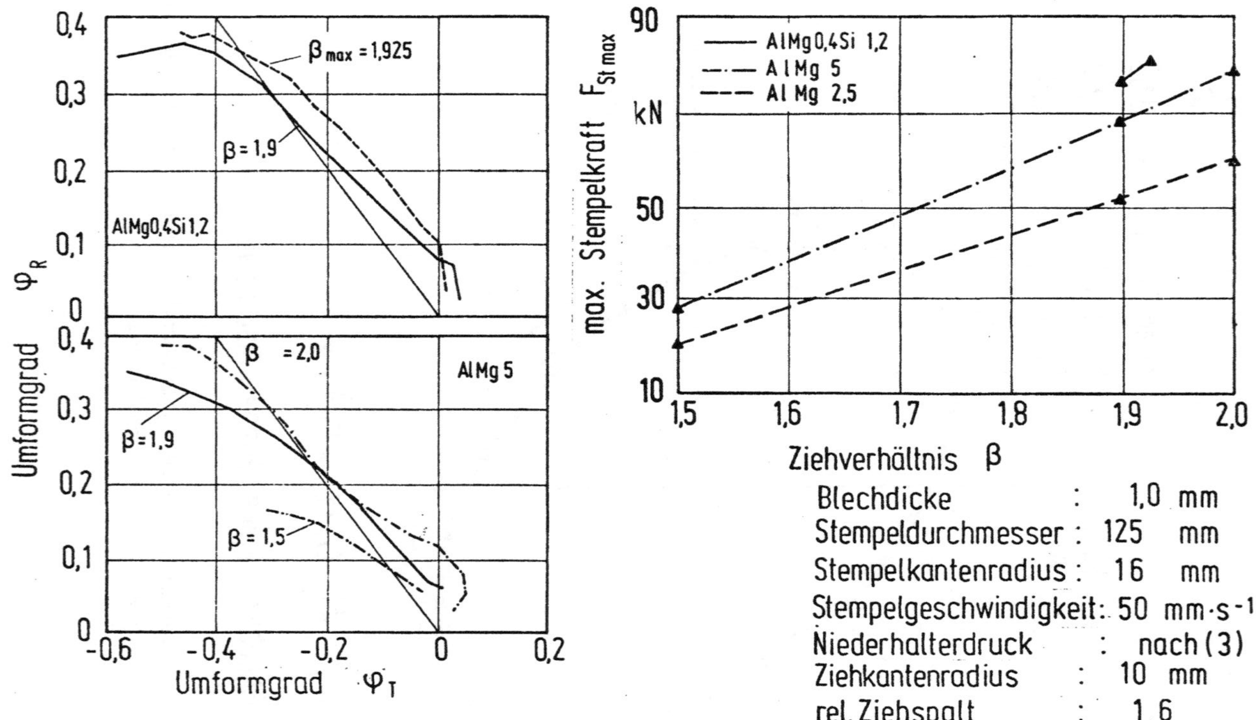

Bild B 19: Einfluß des Ziehverhältnisses bei kreisrunden Näpfen mit flachem Boden.

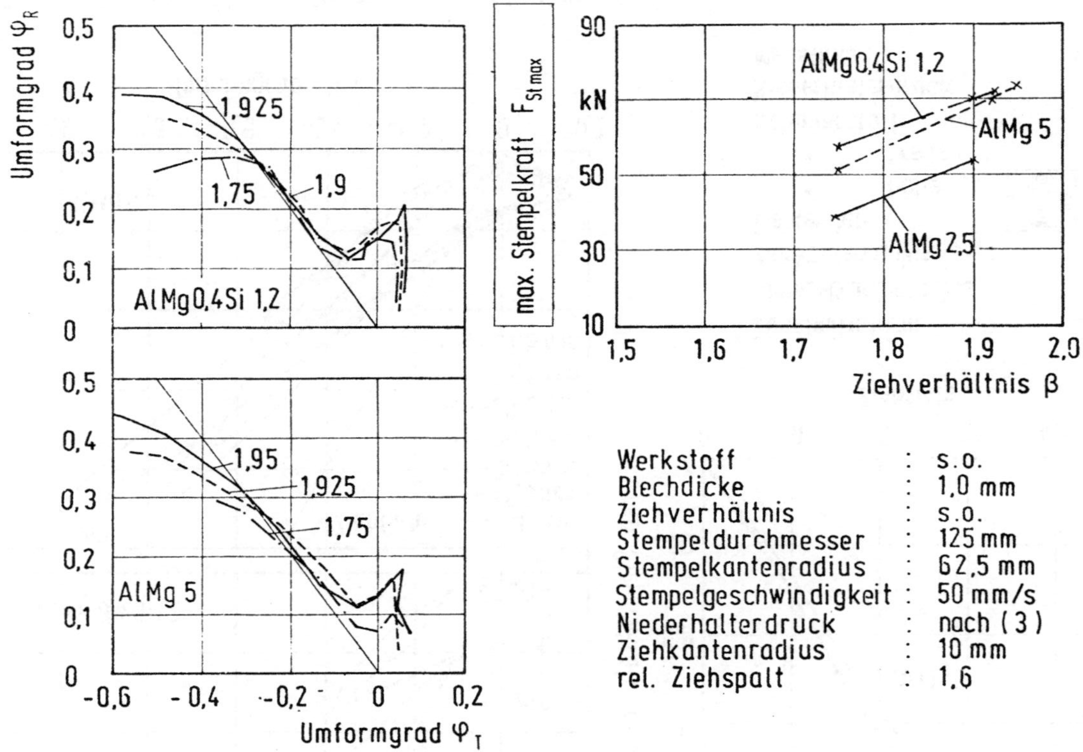

Bild B 20: Einfluß des Ziehverhältnisses bei kreisrunden Näpfen mit halbkugelförmigem Boden.

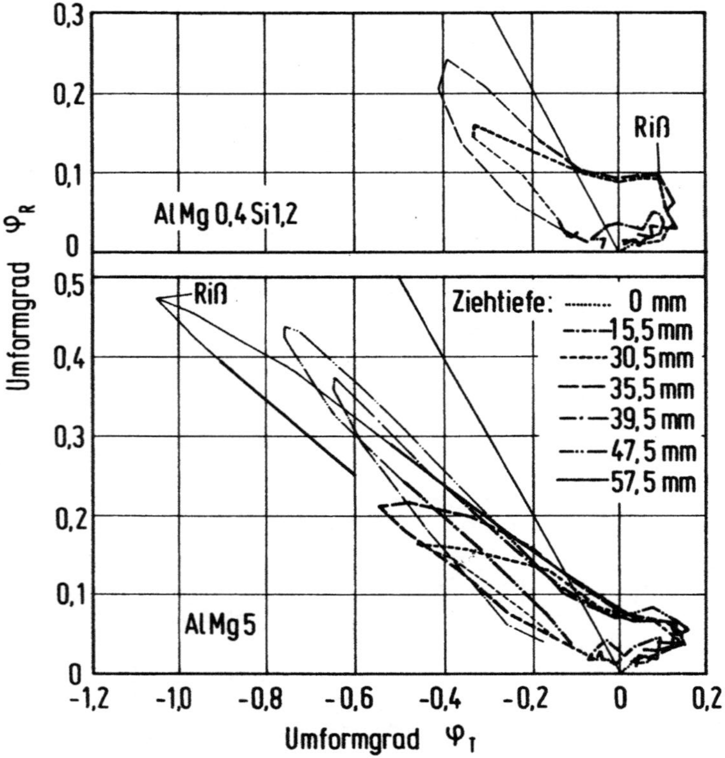

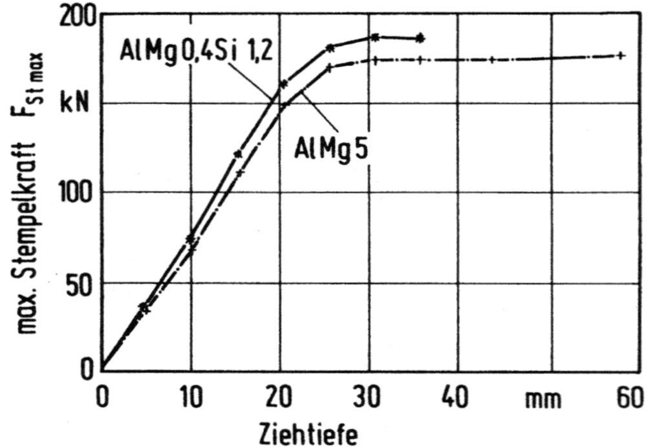

Zuschnittsform	:	340 / 70 mm
Stempelkantenradius	:	20 mm
Ziehkantenradius	:	8 mm
Ziehleisten	:	
" - höhe	:	3,6 mm
" - breite	:	10 mm
Schmierstoff	:	1
Niederhalterdruck	:	2,8 N/mm^2
Messlinie	:	diagonal

Bild B 21: Einfluß der Ziehtiefe bei quadratischen Ziehteilen.

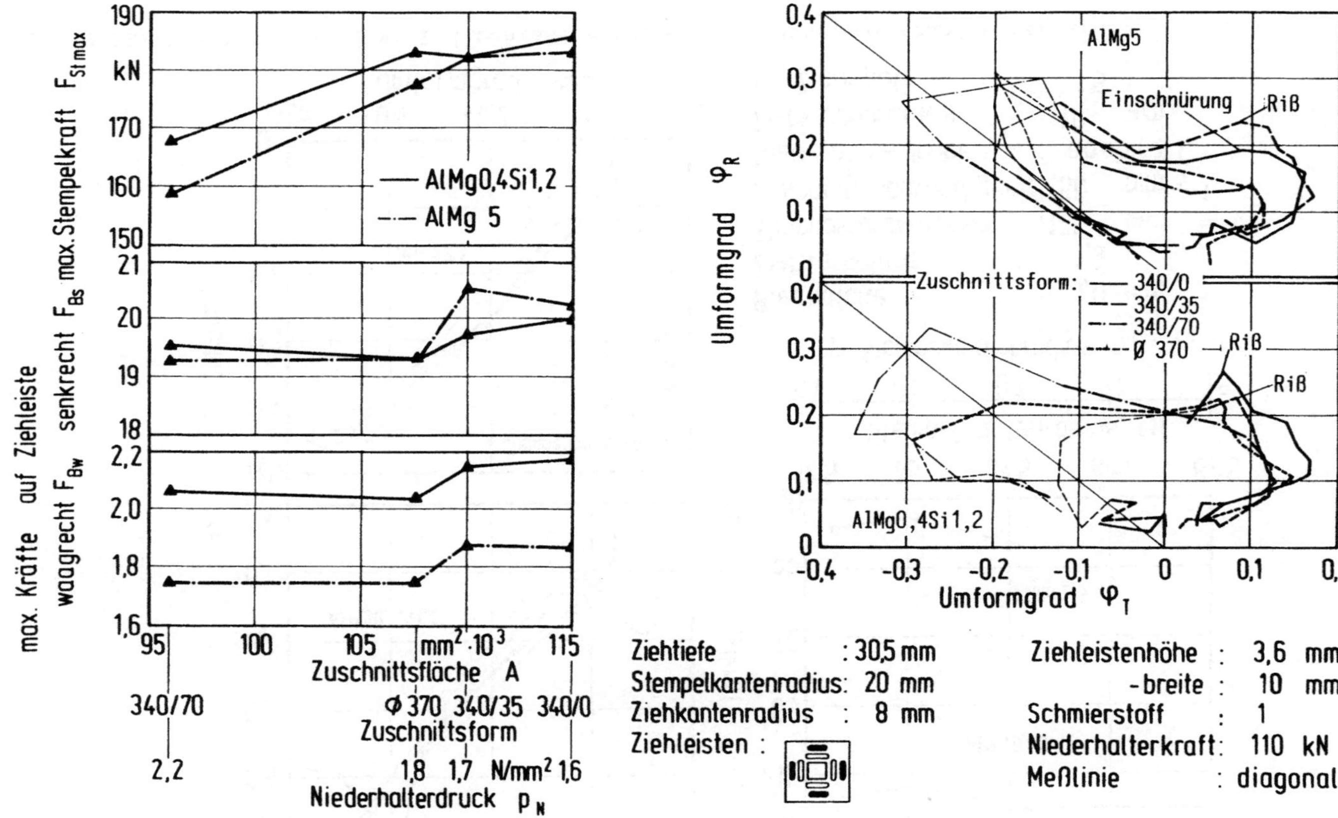

Bild B 22: Einfluß der Zuschnittsform bei konstanter Niederhalterkraft.

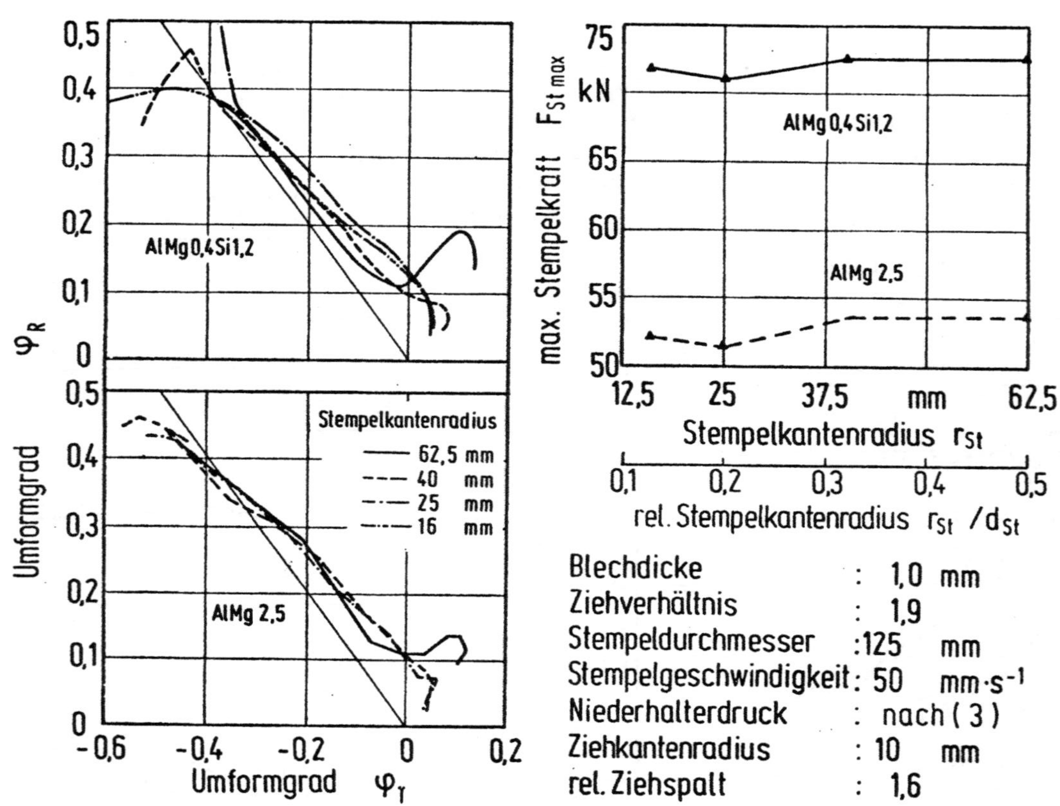

Bild B 23: Einfluß des Stempelkantenradius beim Ziehen von kreisrunden Näpfen.

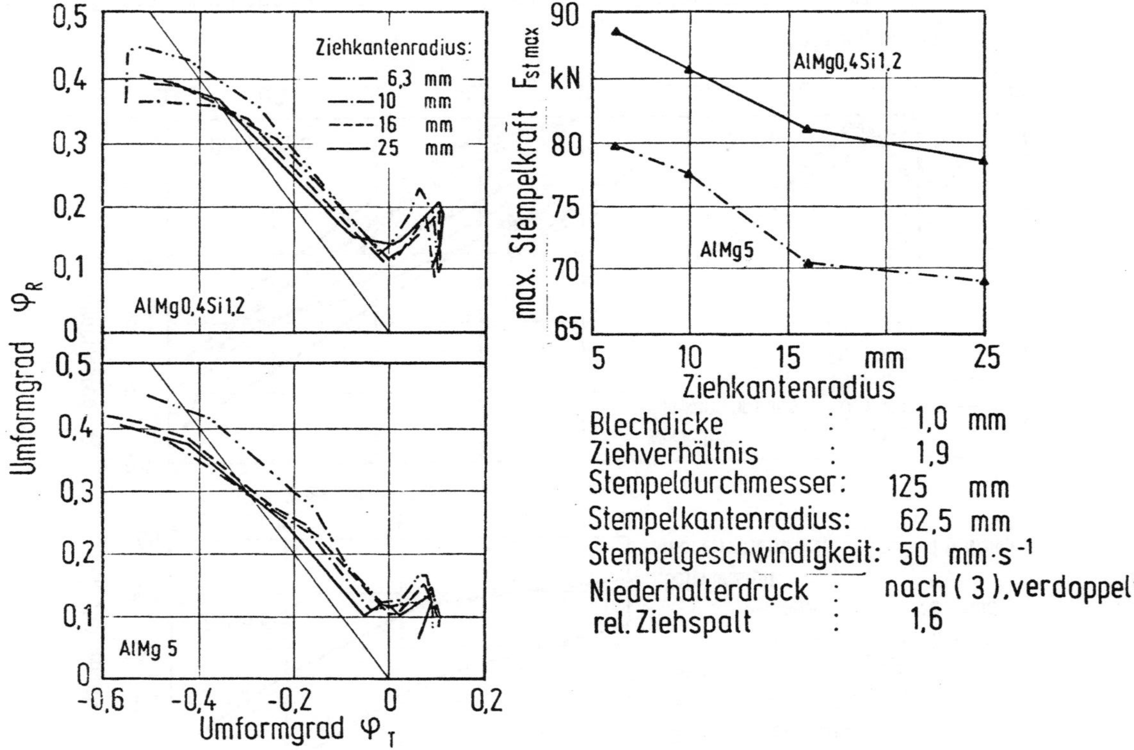

Bild B 24: Einfluß des Ziehkantenradius beim Ziehen von kreisrunden Näpfen.

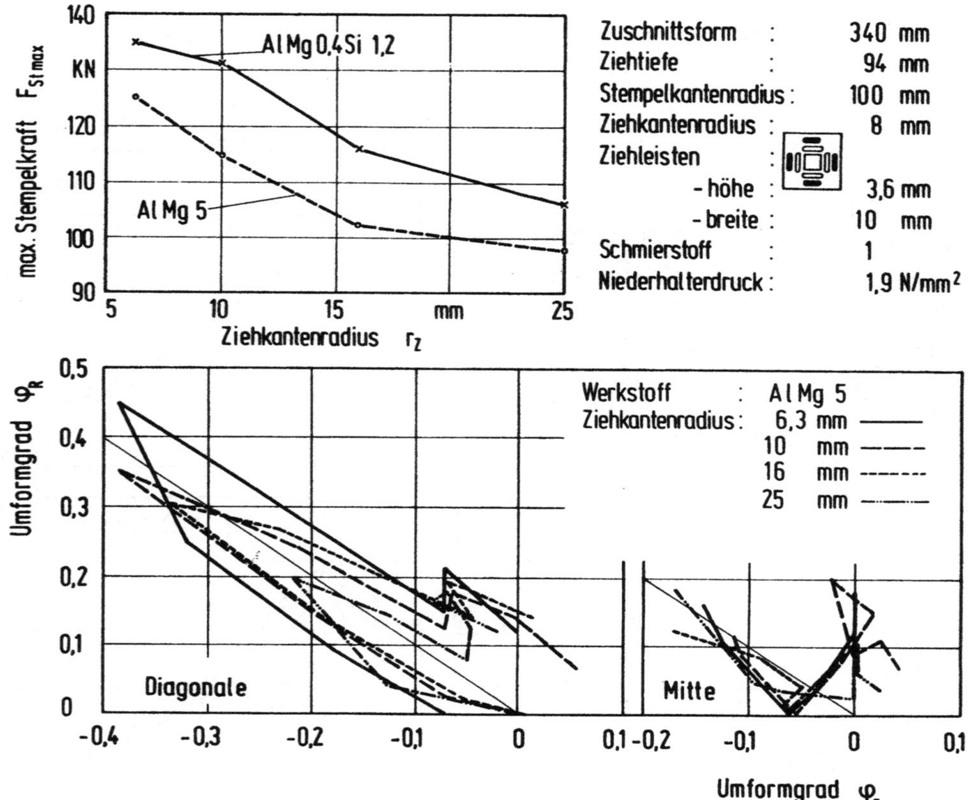

Bild B 25: Einfluß des Ziehkantenradius beim Ziehen von quadratischen Teilen.

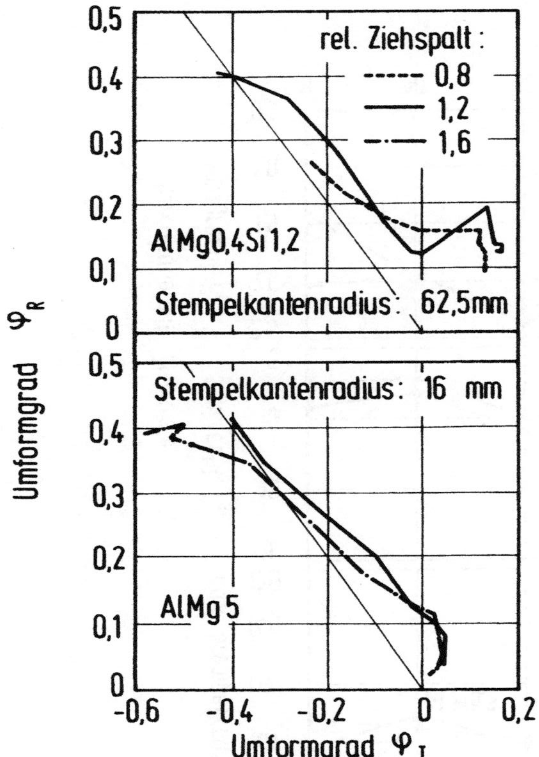

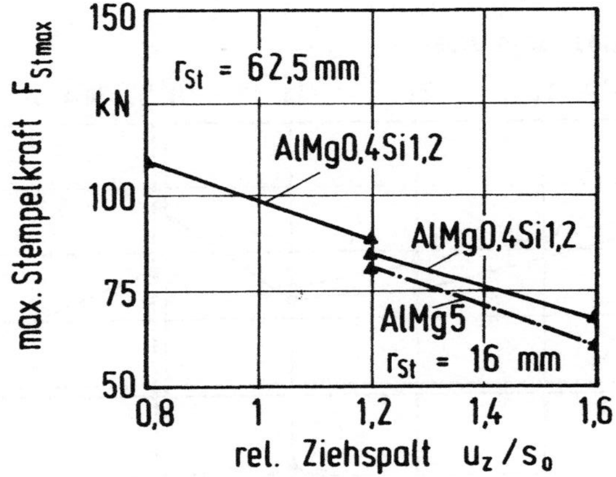

Blechdicke	1,0	mm
Ziehverhältnis	1,9	
Stempeldurchmesser	125	mm
Stempelgeschwindigkeit	50	$mm \cdot s^{-1}$
Niederhalterdruck	nach	(3)
Ziehkantenradius	16	mm

Bild B 26: Einfluß des Ziehspaltes beim Ziehen von kreisrunden Näpfen.

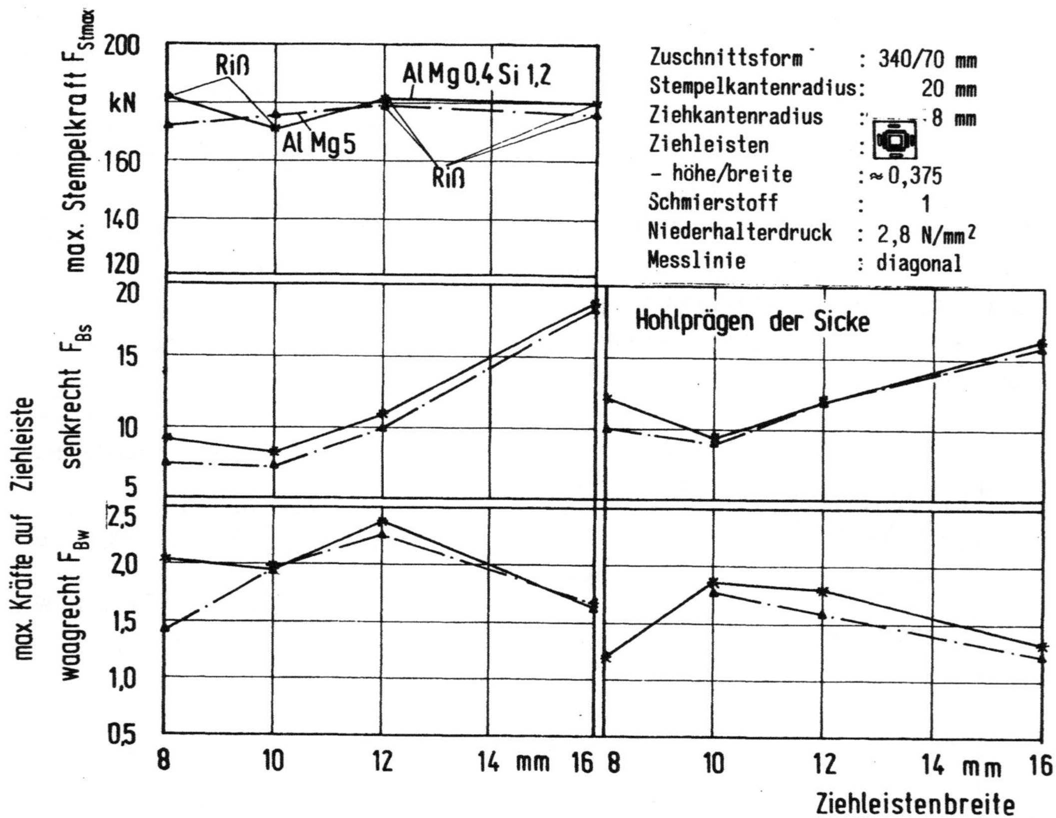

Bild B 27: Einfluß der Ziehleisten auf die Kräfte.

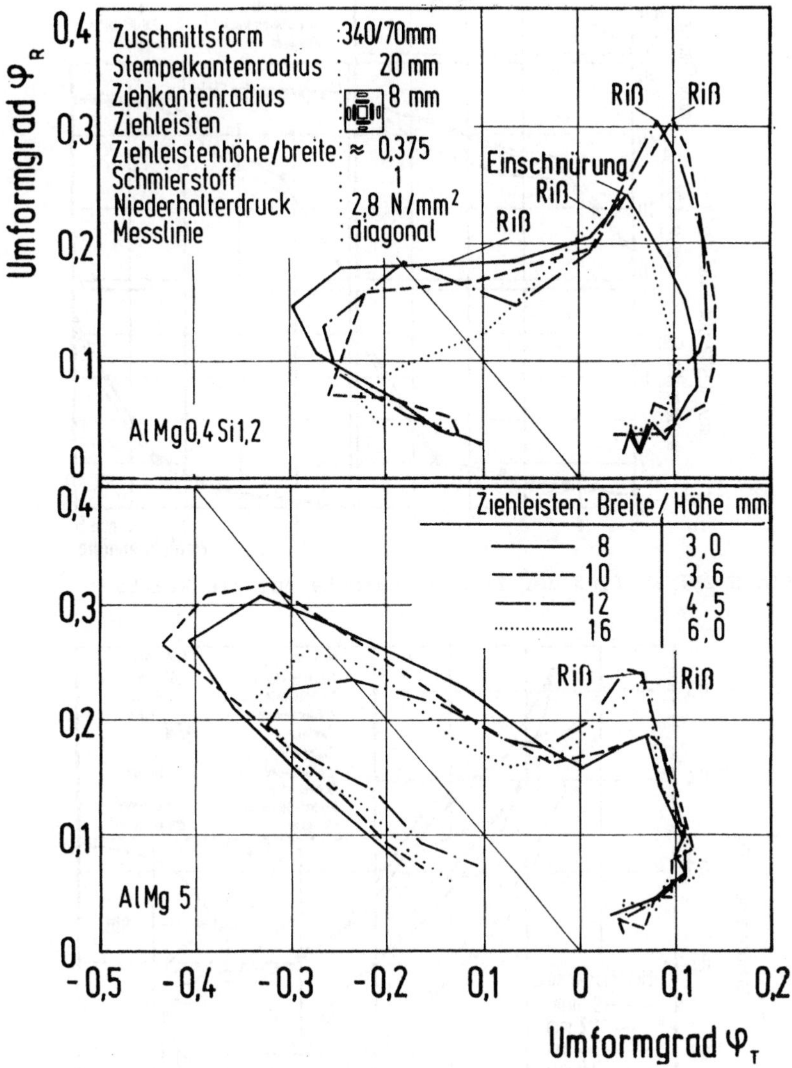

Bild B 28: Einfluß der Ziehleisten auf die Formänderungsverteilung.

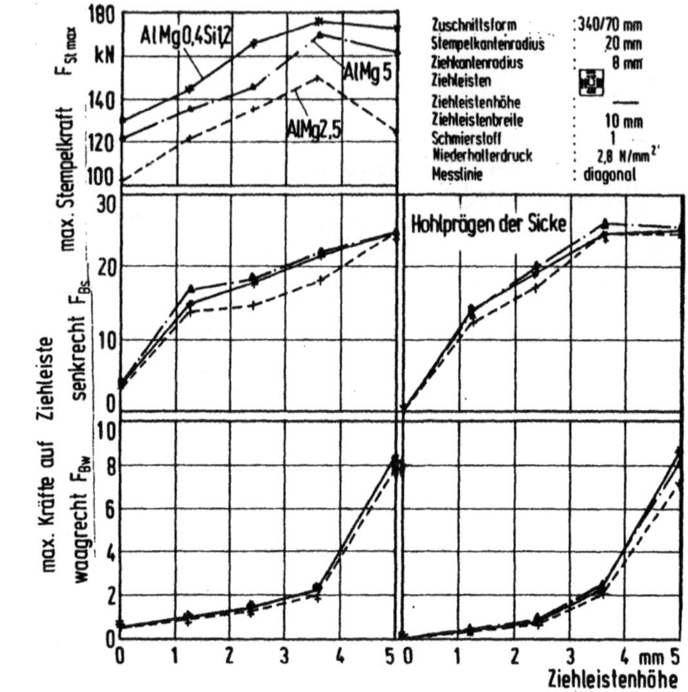

Bild B 29: Einfluß der Ziehleistenhöhe auf die Kräfte.

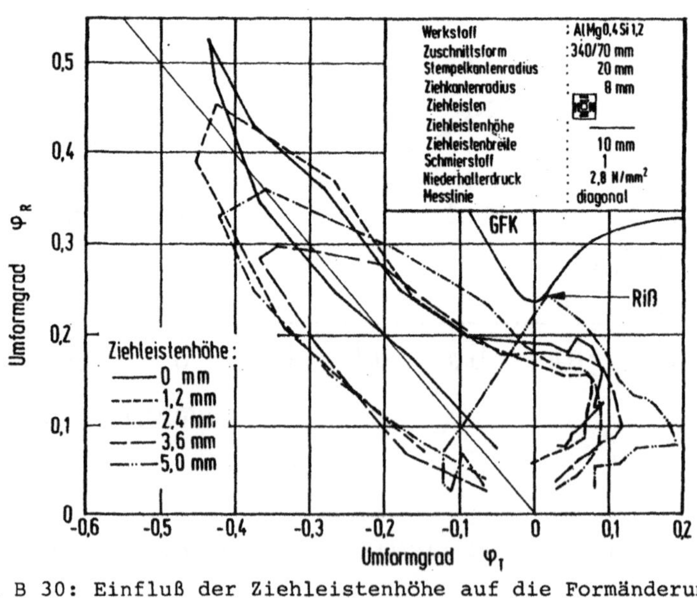

Bild B 30: Einfluß der Ziehleistenhöhe auf die Formänderungsverteilung.

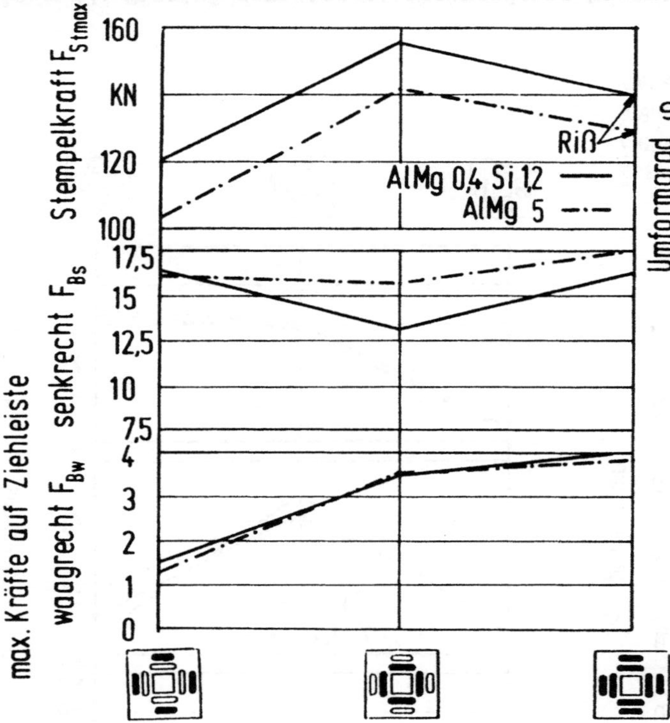

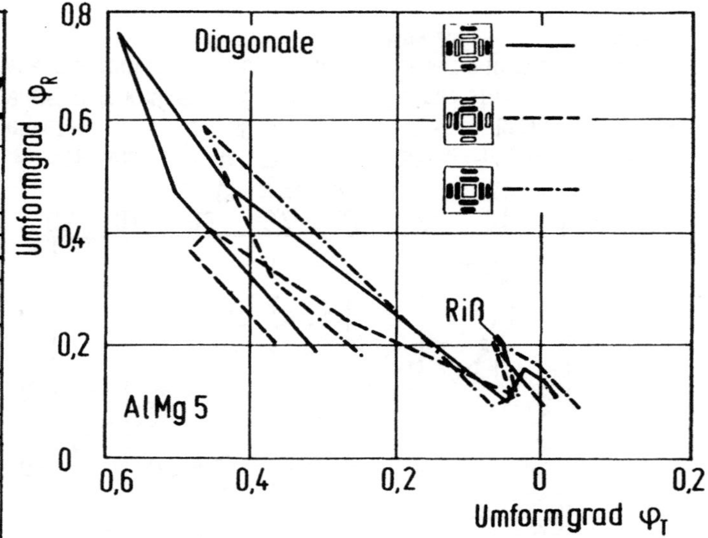

Zuschnittsform	:	340/70 mm
Ziehtiefe	:	94 mm
Stempelkantenradius	:	100 mm
Ziehkantenradius	:	6,3 mm
Ziehleistenhöhe	:	2,4 mm
" breite	:	10 mm
Schmierstoff	:	1
Niederhalterdruck	:	2,65 N/mm
Messlinie	:	diagonal

Bild B 31: Einfluß der Ziehleistenanordnung bei quadratischen Teilen mit halbkugelförmigem Boden.

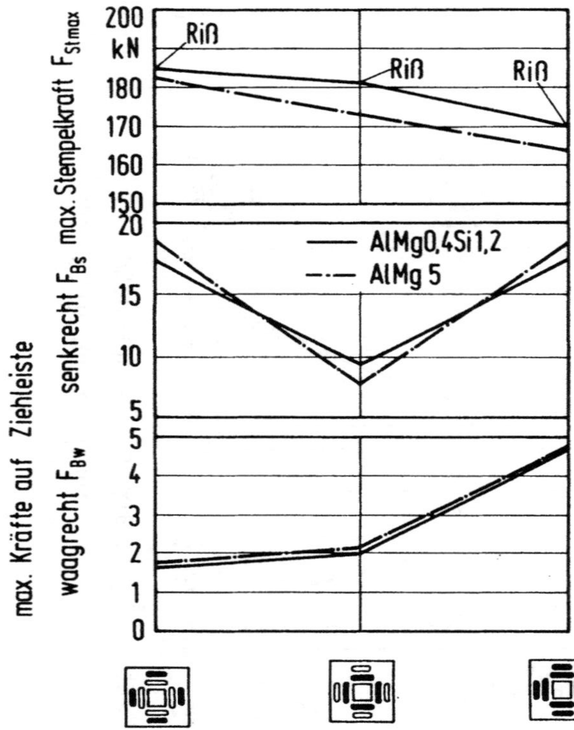

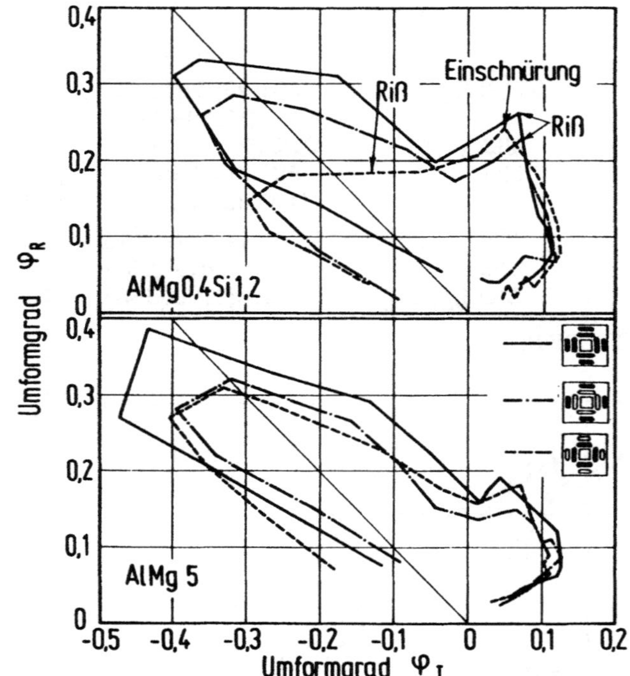

Zuschnittsform : 340/70 mm
Ziehtiefe : 30,5 mm
Stempelkantenradius: 20 mm
Ziehkantenradius : 8 mm

Ziehleistenhöhe : 3,0 mm
" breite : 8 mm
Schmierstoff : 1
Niederhalterdruck : 2,8 N/mm^2
Messlinie : diagonal

Bild B 32: Einfluß der Ziehleistenanordnung bei quadratischen Teilen mit flachem Boden.

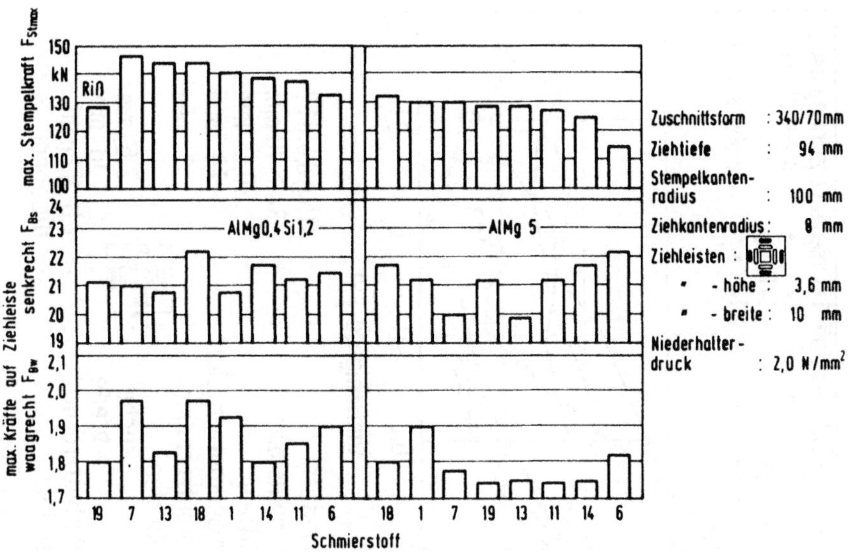

Bild B 33: Einfluß des Schmierstoffs beim Ziehen quadratischer Teile mit halbkugelförmigem Boden.

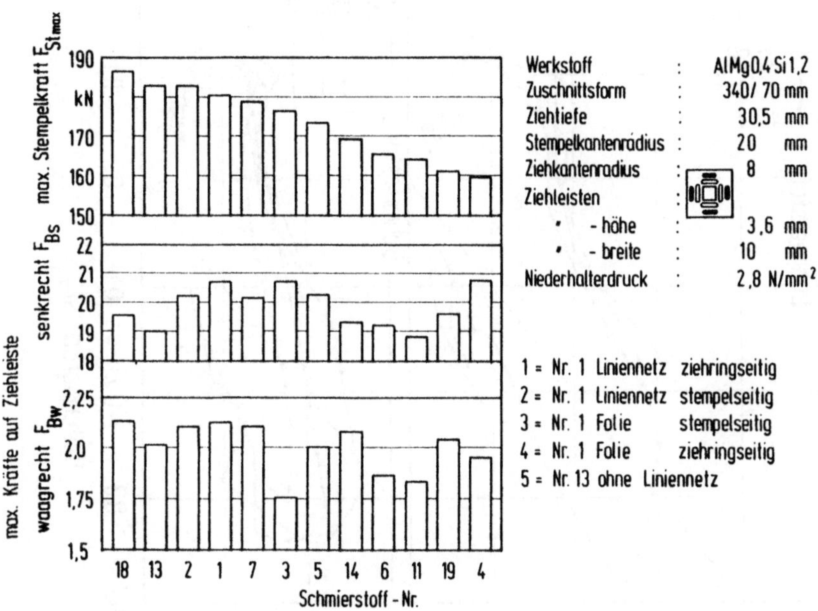

Bild B 34: Einfluß des Schmierstoffs beim Ziehen quadratischer Teile mit flachem Boden.

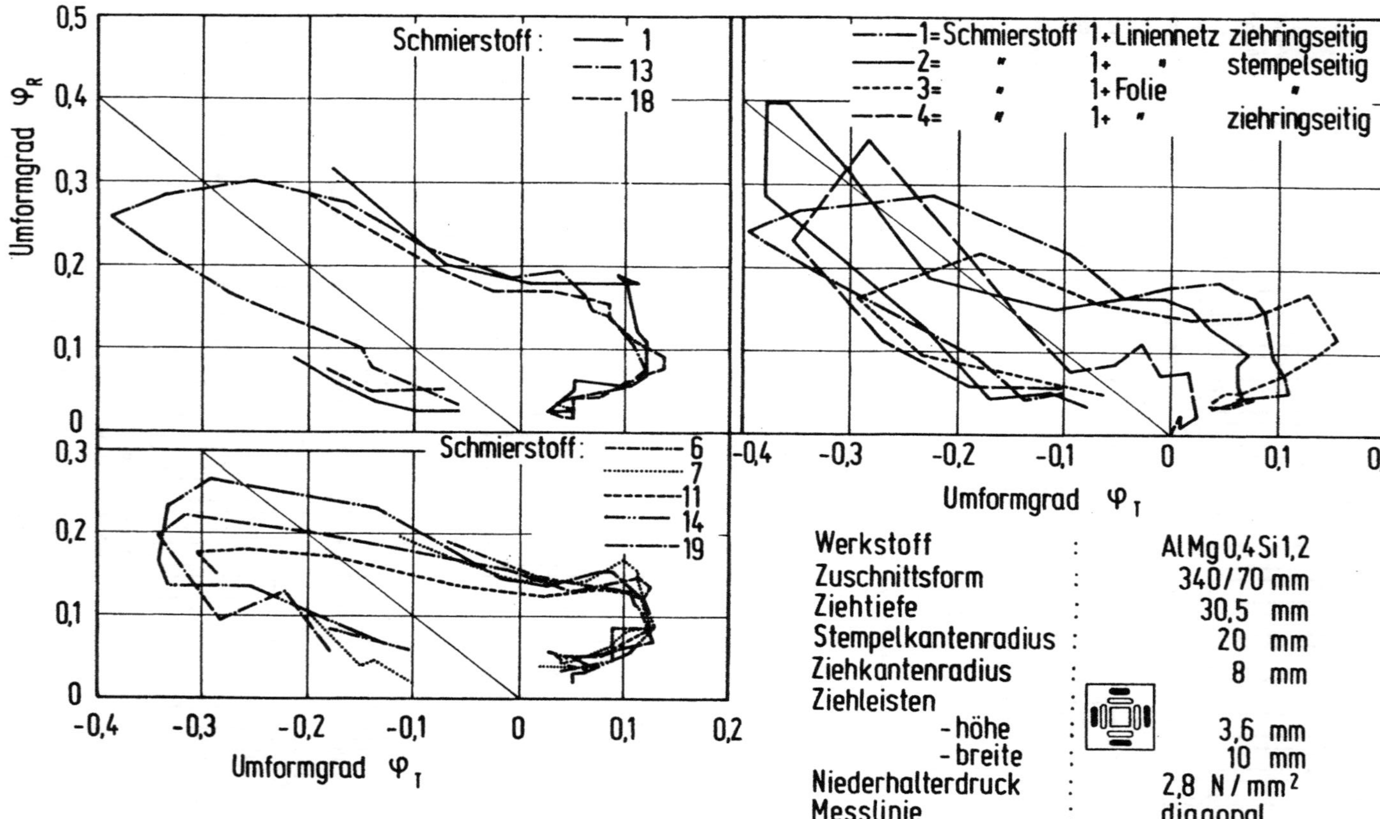

Bild B 35: Einfluß des Schmierstoffs auf die Formänderungsverteilung.

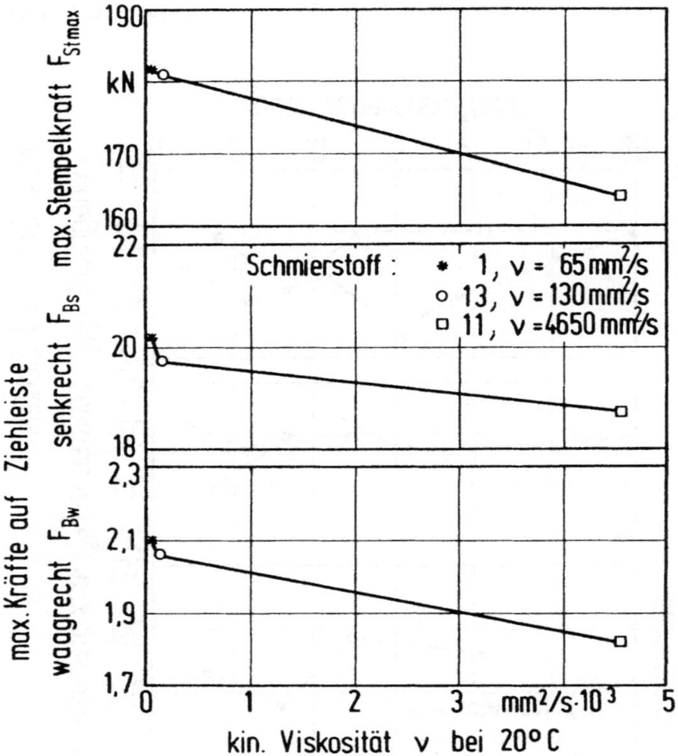

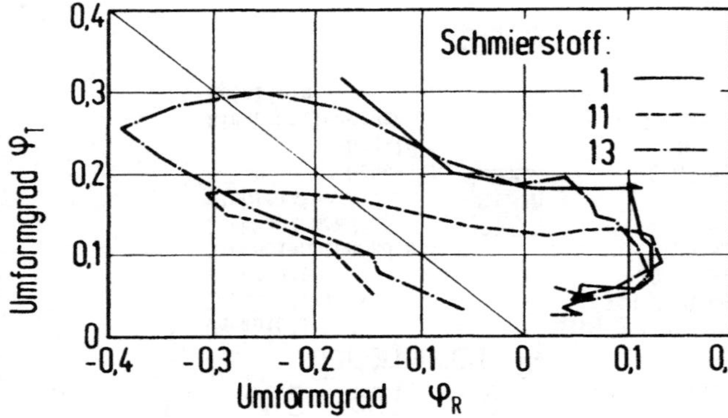

Werkstoff	:	Al Mg 0,4 Si 1,2
Zuschnittsform	:	340 / 70 mm
Ziehtiefe	:	30,5 mm
Stempelkantenradius	:	20 mm
Ziehkantenradius	:	8 mm
Ziehleisten	:	
" - höhe	:	3,6 mm
" - breite	:	10 mm
Schmierstoff	:	1, 11, 13
Niederhalterdruck	:	2,8 N / mm²
Messlinie	:	diagonal

Bild B 36: Einfluß der kinematischen Viskosität des Schmierstoffs.

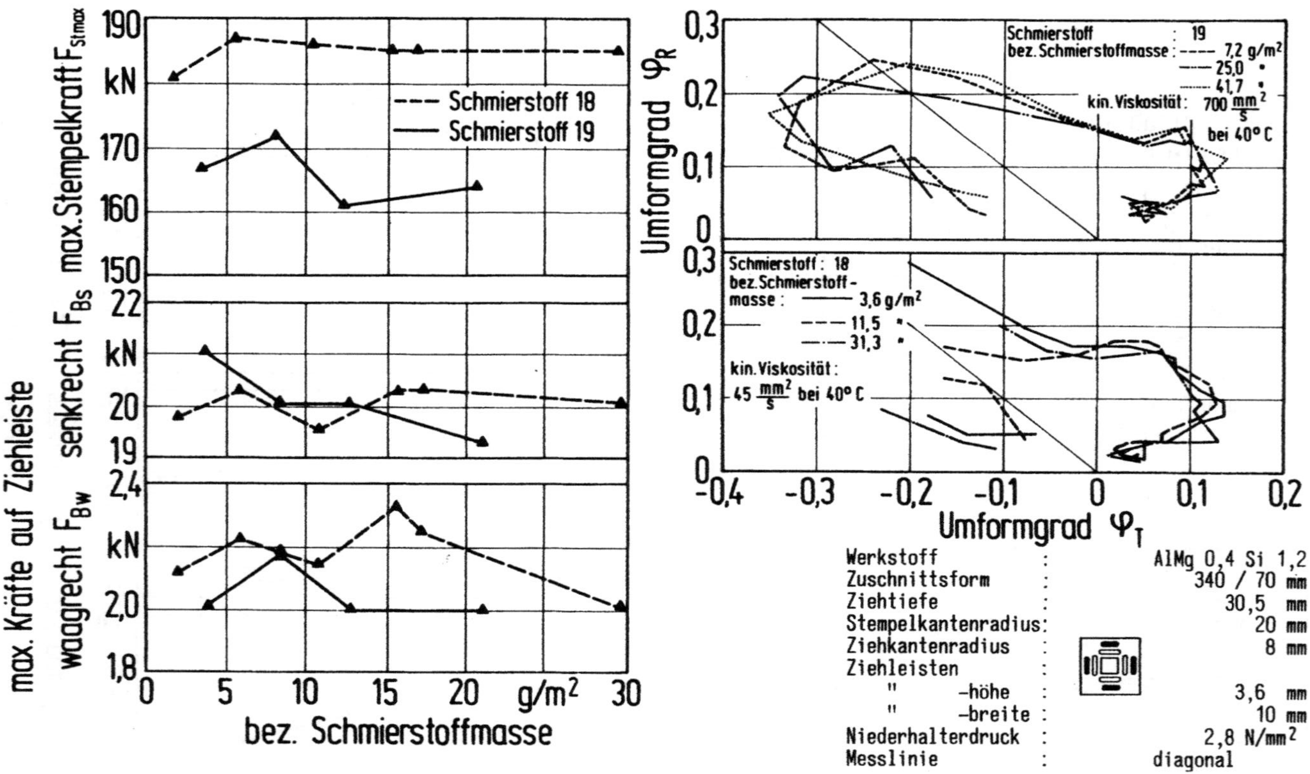

Bild B 37: Einfluß der Schichtdicke des Schmierstoffs.

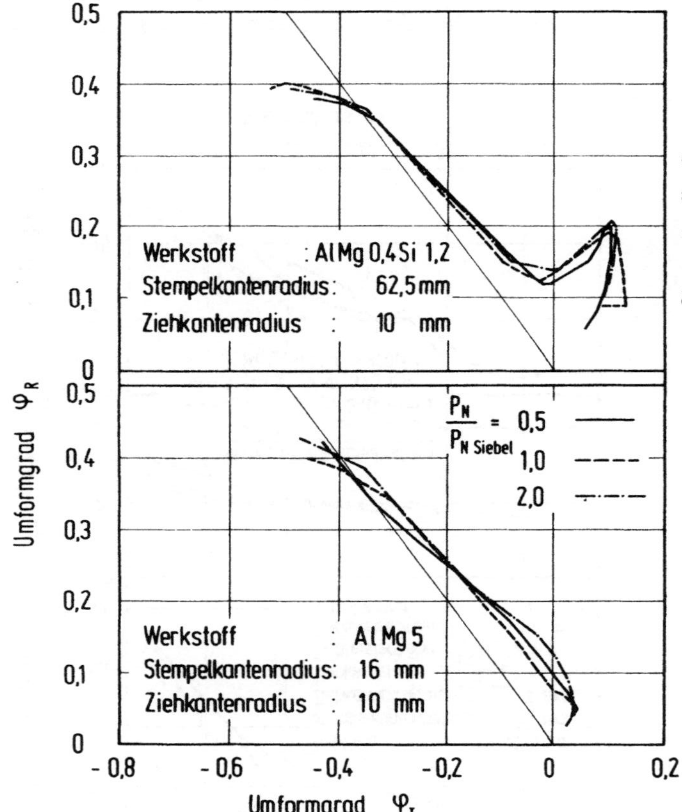

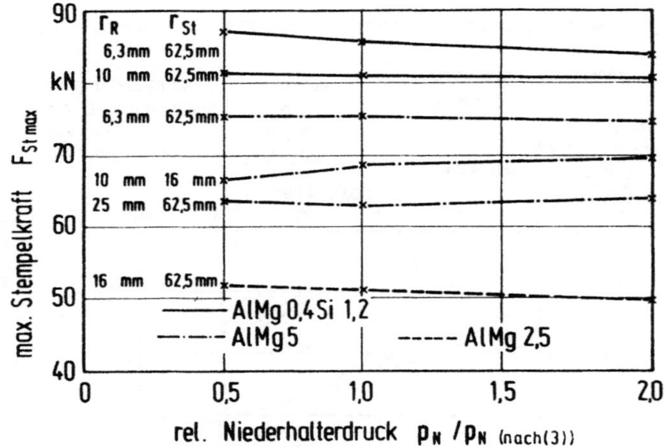

Blechdicke	:	1,0	mm
Ziehverhältnis	:	1,9	
Stempeldurchmesser	:	125	mm
Stempelgeschwindigkeit	:	50	$mm \cdot s^{-1}$
rel. Ziehspalt	:	1,6	

Bild B 38: Einfluß des Niederhalterdrucks beim Ziehen von kreisrunden Näpfen.

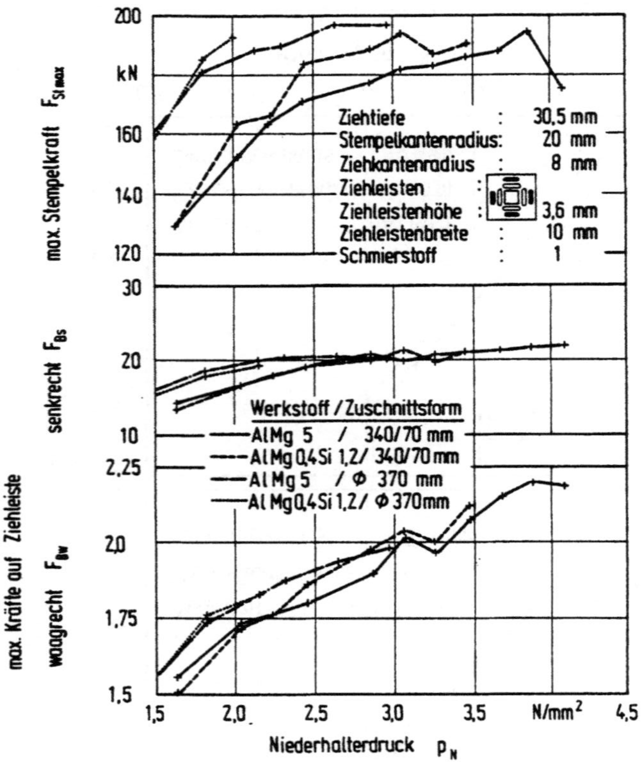

Bild B 39: Einfluß des Niederhalterdrucks auf den Kraftbedarf.

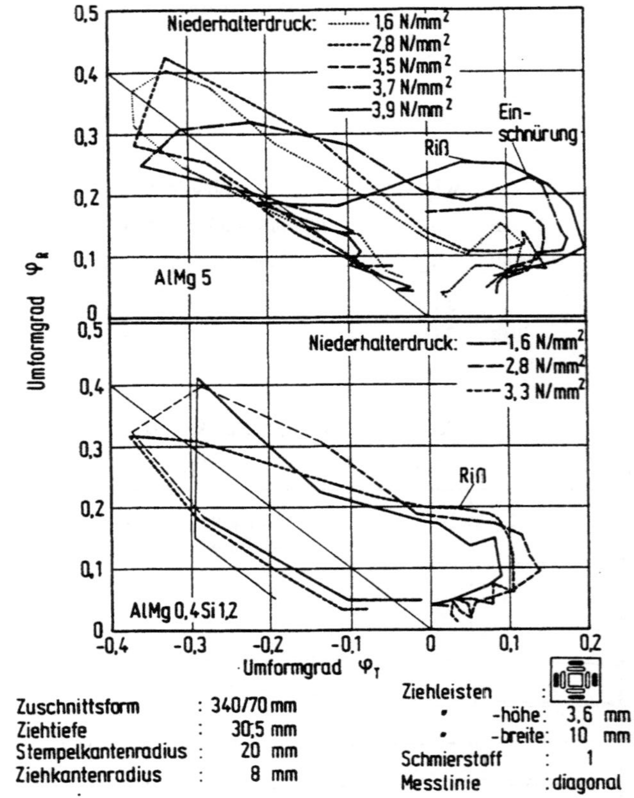

Bild B 40: Einfluß des Niederhalterdrucks auf die Formänderungsverteilung.

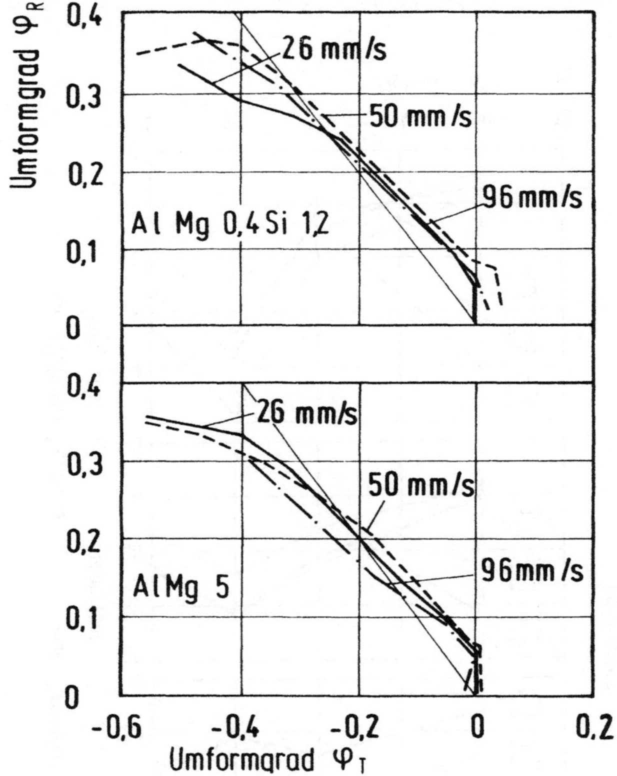

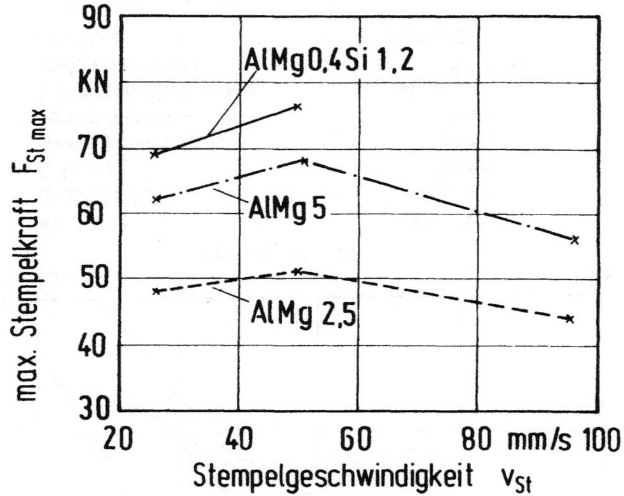

Blechdicke	:	1,0 mm
Ziehverhältnis	:	1,9
Stempeldurchmesser	:	125 mm
Stempelkantenradius	:	16 mm
Niederhalterdruck	:	nach Siebel
Ziehkantenradius	:	10 mm
rel. Ziehspalt	:	1,6

Bild B 41: Einfluß der Stempelgeschwindigkeit beim Ziehen von kreisrunden Näpfen.

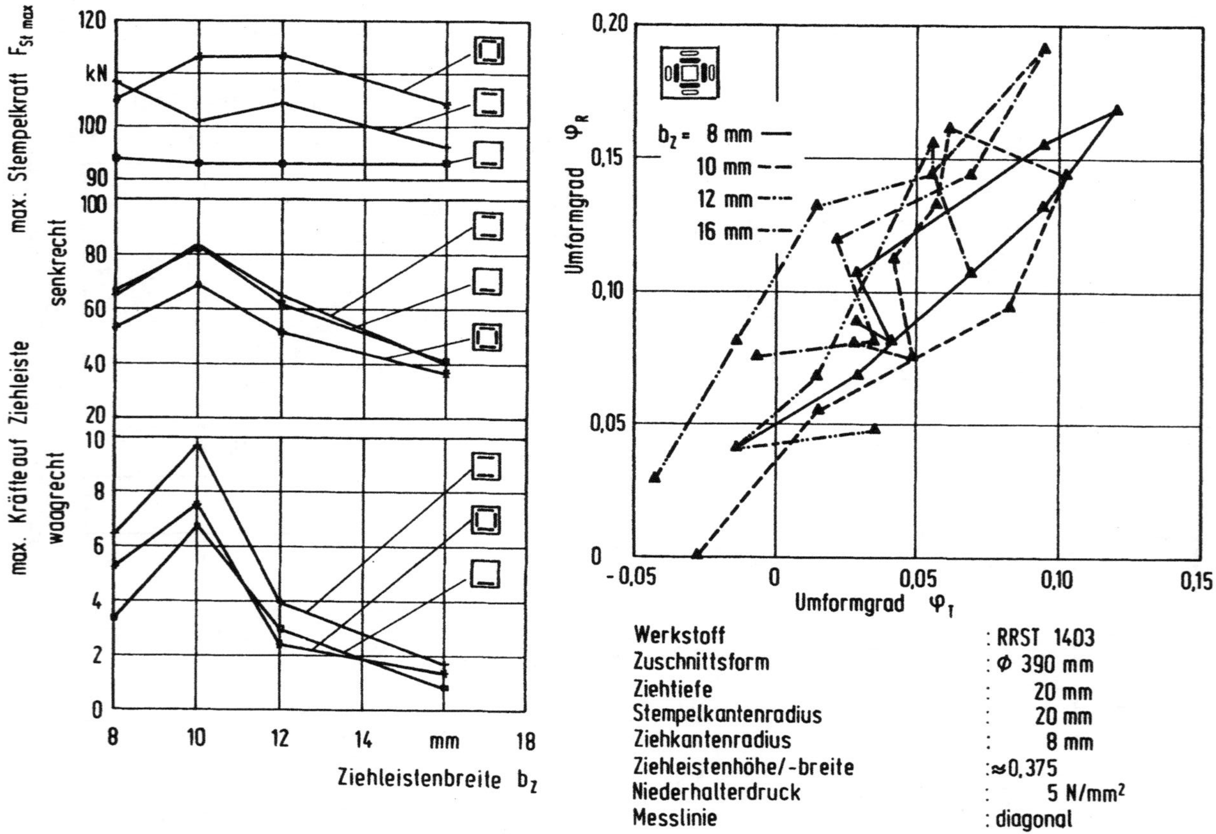

Bild B 42: Einfluß der Ziehleistenbreite bei Stahlblechen (Daten aus [61]).

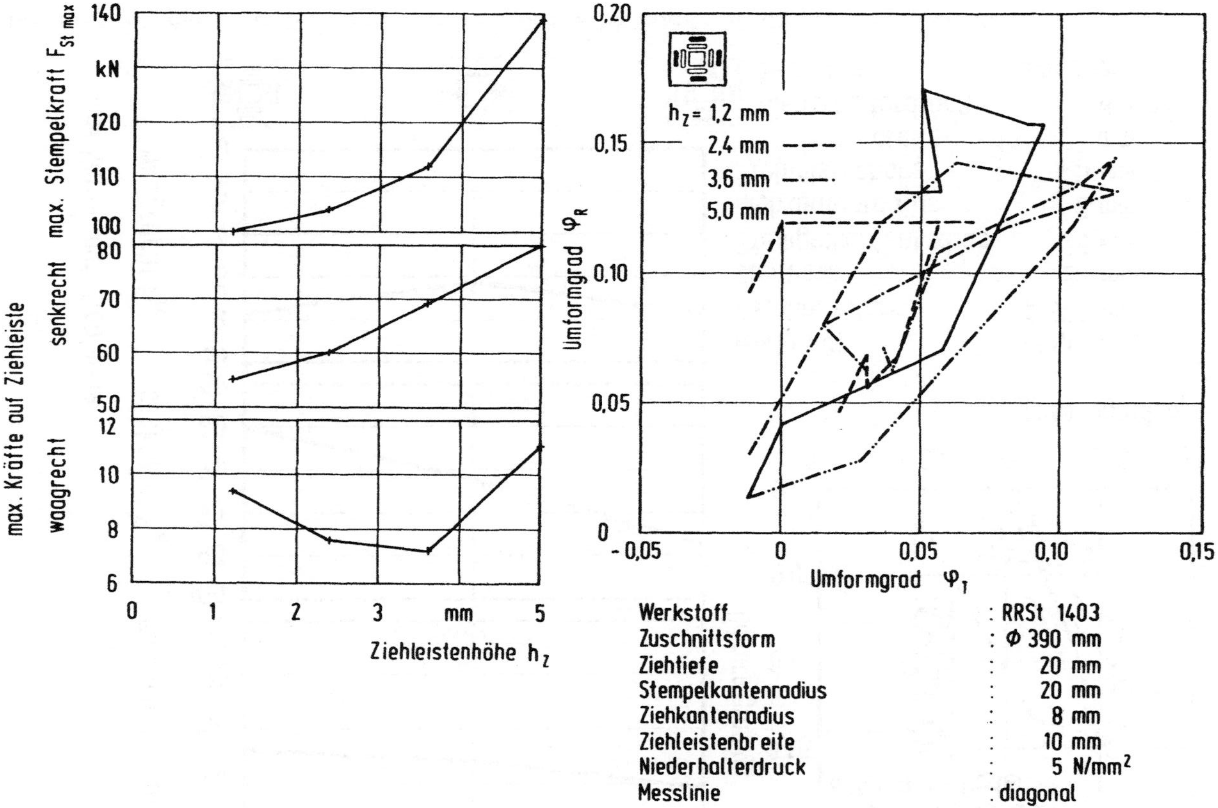

Bild B 43: Einfluß der Ziehleistenhöhe bei Stahlblechen (Daten aus [61]).

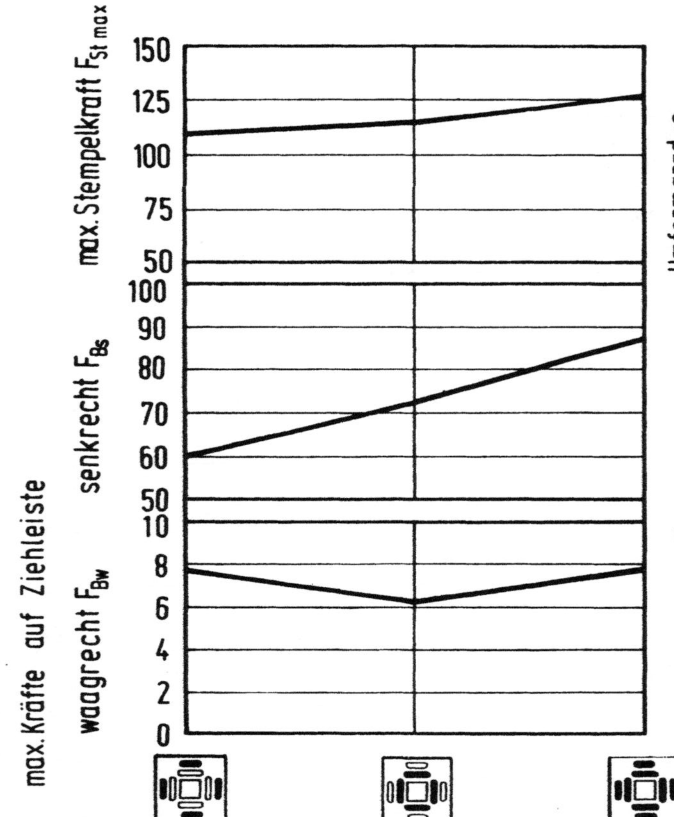

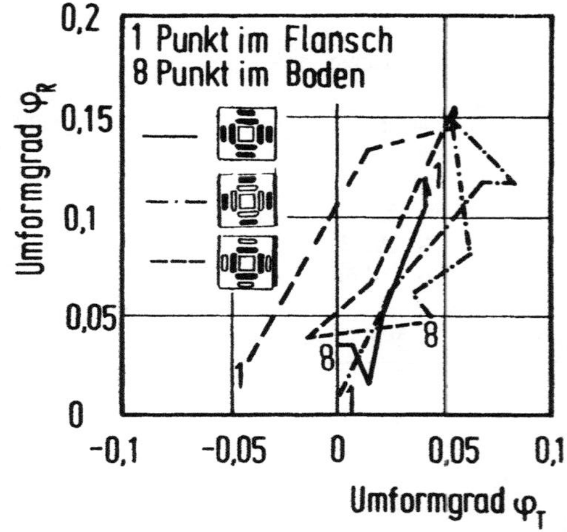

Werkstoff	:	RRSt 1403
Zuschnittsform	:	Φ 390 mm
Ziehtiefe	:	20 mm
Stempelkantenradius	:	20 mm
Ziehkantenradius	:	8 mm
Ziehleistenhöhe	:	4,5 mm
" breite	:	12 mm
Niederhalterdruck	:	5 N/mm^2
Messlinie	:	diagonal

Bild B 44: Einfluß der Ziehleistenanordnung bei Stahlblechen (Daten aus [61]).

Eine Vergrößerung von	hat Auswirkungen auf KFB	F_{Bs}	F_{Bw}	FÄV bzw. φ_R	Beim Ziehen v. Blechen aus Aluminiumlegierungen optimal
Werkstück					
Ziehverhältnis bzw. Zuschnittsfläche	>>>	—	—	>>>	so gering wie möglich
Bodenform (Stempelkantenradius)	=	—	—	>	—
Werkstückwerkstoff (AlMg 2,5 / AlMg 5 / AlMg 0,4 Si 1,2)	AlMg 2,5 < AlMg 5 < AlMg0,4Si1,2	—	—	AlMg 5 < AlMg0,4Si1,2 < AlMg 2,5	AlMg5 (Neigung zu Fließfiguren)
Wirkfuge					
Schmierstoff - Zusammensetzung	?	—	—	?	kein Zusammenhang feststellb.
- kin. Viskosität	<<	<<	<<	<<	hohe kin. Viskosität, ggf. Folie
- Schichtdicke	=	=	=	=	—
Werkzeug					
Ziehkantenradius	<<<	—	—	<<	r_R = 16 mm · s_0
Ziehspalt	<<<	—	—	<<<	$u_z / s_0 \geq 1{,}2$
Ziehleisten - breite (h_z/b_z=const)	=	>>	Max. b. = 12 mm	>>	Steuerung d.St lusses über Veränderu v. h_z
- höhe (b_z =const.)	>>	>>	>>	>>>	
-anordnung (b_z, h_z=const.) Abstand zw. Ziehleiste und Ziehkante	<<<	>	<	<<	
Maschine					
Niederhalterdruck - Schmierstoff ger. kin. Viskosität	>>	>>	>>	>>	so gering wie glich
- Schmierstoff hoher kin. Visk.	=	—	—	=	
Stößelgeschwindigkeit ($26\ mm \cdot s^{-1} < v_{ST} < 96\ mm \cdot s^{-1}$)	=	—	—	=	keine allgem. Ang möglich (Schmierstoffeinfl

	stark	mittel	schwach
nimmt zu	>>>	>>	>
nimmt ab	<<<	<<	<
kaum beeinflußt	=		

Bild B 45: Überblick über den Einfluß der einzelnen Pa ameter.

Tabelle 1: Chemische Zusammensetzung der Aluminiumbleche

Legierungs-elemente	% Cu	% Cr	% Fe	% Mg	% Mn	% Si	% Ti	% Zn	% Al	Nachweis
AlMg 2,5	0,024	0,201	0,25	2,77	0,09	0,13			Rest	Werks-zeugnis
AlMg 5	0,01		0,29	4,50	0,34	0,08	0,009	< 0,01	Rest	
AlMg 0,4 Si 1,2	0,11	0,03	0,30	0,40	0,07	1,20	0,02	0,04	Rest	

Tabelle 2: Kennwerte der Versuchswerkstoffe aus Schrifttum und Werkszeugnissen

Werkstoff	Winkel z. Walzrichtung	Zugfestigkeit	Streckgrenze	Bruchdehnung	Bruchdehnung	Gleichmaßdehnung	Brucheinschnürung	senkr. Anisotropie	Verfestigungsexponent	Quelle
		R_m	$R_{p0,2}$	A_5	A_{10}	A_g	Z	r	n	
		N/mm²	N/mm²	%	%	%	%	-	-	
AlMg 2,5	-	215	110	-	21	-	-	-	-	Werkszeugnis
	-	220	110	30	-	24	70	0,7	0,26	[5]
AlMg 5	0 °	274	145	22,4	-	19	71	0,62	0,31	Werkszeugnis
	45 °	265	146	32,4	-	27	66	0,80	0,30	Werkszeugnis
	90 °	266	143	32,8	-	27	71	0,73	0,30	Werkszeugnis
	-	280	130	30	-	27	-	0,7	0,32	[5]
AlMg0,4Si1,2	0 °	260	142	-	25,5	-	-	-	-	Werkszeugnis
	-	250	140	34	28	22	-	0,55	0,24	[10]

Tabelle 3: Analytische Darstellung der Fließkurven

Approximation der Fließkurve $k_f = C \cdot \varphi^{n}$

R ... Korrelationskoeffizient

Werkstoff	Blechdicke [mm]	Winkel zur Walzrichtung	C· [N/mm²]	Verfestigungs-exponent n -	Korrelations-koeffizient R
Fließkurven aus Stufenzugversuch					
AlMg 2,5	1,0	0 °	463	0,30	0,993
		45 °	449	0,31	0,995
		90 °	436	0,29	0,994
AlMg 5	1,0	0 °	567	0,28	0,992
		45 °	560	0,31	0,998
		90 °	555	0,31	0,998
AlMg 0,4 Si 1,2	1,0	0 °	489	0,27	0,996
		45 °	479	0,28	0,997
		90 °	460	0,26	0,998
AlMg 0,4 Si 1,2	1,25	0 °	466	0,24	0,998
		45 °	450	0,25	0,991
		90 °	439	0,24	0,987
Fließkurven aus hydraulischem Tiefungsversuch					
AlMg 2,5	1,0	0 ° / 90 °	755	0,20	-
AlMg 5	1,0	0 ° / 90 °	893	0,25	-
AlMg 0,4 Si 1,2	1,0	0 ° / 90 °	775	0,19	-

Tabelle 4: Verfestigungsexponent und Umformgrad bei Gleichmaßdehnung

Werkstoff	Winkel zur Walzrichtung	Verfestigungs-exponent n	Gleichmaß-dehnung A_g [%]	Umformgrad bei A_g φ_g	$\frac{n}{\varphi_g}$
AlMg 2,5	0 °	0,30	20	0,18	1,7
	90 °	0,29	24	0,21	1,4
AlMg 5	0 °	0,28	22	0,20	1,4
	90 °	0,31	28	0,24	1,3
AlMg 0,4 Si 1,2	0 °	0,27	28	0,24	1,1
	90 °	0,26	27	0,24	1,1

Tabelle 5: Zusammensetzung und Kenngrößen der Schmierstoffe.

Nr.	Dichte g/cm^3 15 °C	Dichte g/cm^3 20 °C	Viskosität mm^2 s^{-1} 20 °C	Viskosität mm^2 s^{-1} 40 °C	Viskosität mm^2 s^{-1} 50 °C	Beschreibung
1		0,895	65	-	21	Mineralöl mit Hochdruckzusätzen, Korrosionsschutz, Haft- und Aromastoffen
6	-	-	-	-	-	vollsynthetischer, vaselinartiger Schmierstoff in nicht brennbarem Lösungsmittel dispergiert
7	-	1,0	-	-	-	stabilisiertes technisches Gemisch aus Mineralölraffinat, Seifen und EP-Additiven
11	-	0,920	4650	-	420	Tiefziehöl auf Mineralölbasis mit Hochdruckzusätzen, Korrosionsschutz und Additiven
13	-	0,898	130	-	29	wie Nr. 1
14	0,903	-	Auslaufzeit bei 8 mm DIN Becher: 30 s			hochviskoses Ziehöl mit Hochdruckzusätzen
18	0,844	-	-	45	-	vollsynthetisches Produkt aus SHC und Esterkomponenten, nicht wasserlöslich
19	0,945	-	-	700	-	hochviskoses Mineralöl mit speziellem Haftzusatz auf synthetischer Kohlenwasserstoffbasis und natürlichen Fettstoffen

9 Schrifttum

[1] Hablitzel, H.: Anforderungen der Kraftfahrzeugindustrie an die Aluminium-Werkstoffe. In: Aluminium und Automobil. Düsseldorf: Aluminium-Zentrale 1976

[2] Raveglia, M.: Aussichten für die Verwendung von Aluminiumblech im Automobil. In: Aluminium und Automobil. Düsseldorf: Aluminium-Zentrale 1976.

[3] Jacobs, S. H.: Erfahrungen mit beweglichen Karosserieteilen aus Aluminium. In: Aluminium und Automobil. Düsseldorf: Aluminium-Zentrale 1976.

[4] Huber, G.: Heckdeckel aus Aluminium. In: Aluminium und Automobil. Düsseldorf: Aluminium-Zentrale 1976.

[5] Ostermann, F.: Heutiger Entwicklungsstand von Leichtmetallblechen für die Automobilindustrie. In: VDI-Berichte 330, Düsseldorf: VDI-Verlag 1978.

[6] Lange, K.: Energieeinsparung und Fertigungstechnik. wt-Z. ind. Fert. 68 (1978) S. 535-537.

[7] v. Brunn, H.-J.: Die Zukunft des Automobils. In: Aluminium und Automobil. Düsseldorf: Aluminium Zentrale 1976.

[8] Maier, J., Jagode, K.: Eigenschaften von Aluminiumlegierungen zum Kaltfließpressen. wt-Z. ind. Fert. 69 (1979) Nr. 9, S. 527 - 533.

[9] Falkenstein, H. P.: Formability of aluminium alloys for deep and stretch forming parts. Les Memoires scientifiques de la revue de metallurgie 77 (1980) 3, S. 383 - 389.

[10] Horn, W.: Neuere Entwicklungen gut umformbarer und fester Aluminiumwerkstoffe für Karosserieteile. Fortschritt-Berichte der VDI Zeitschriften 12 Nr. 31, S 51 - 64. Düsseldorf, VDI-Verlag 1976.

[11] Thompson, D. S.: A highly formable aluminium alloy 5182 SSF. SAE-Paper Nr. 770203, Detroit 1977.

[12] Evancho, J. W., Kaufman, J. G.: New 6XXX-Series alloys for auto body sheet. SAE-Paper Nr. 770307, Detroit 1977.

[13] Schelosky, H.: Verfahren zum Prüfen der Umformeignung von Blechen. In: Lange, K.: Lehrbuch der Umformtechnik Bd. 3 Blechumformung. Berlin: Springer 1975.

[14] Lange, K.: Lehrbuch der Umformtechnik Bd. 1 Grundlagen. Berlin: Springer 1972.

[15] Ziegler, W.: Die Näpfchenprüfung nach Swift. Ind. Anz. 91 (1969), S. 2250 - 2252.

[16] Müschenborn, W., Sonne, H.-M.: Umformbarkeit von kaltgewalztem Feinblech, Beeinflussung bei der Herstellung und optimale Nutzung bei der Verarbeitung. Thyssen Technische Berichte 3 (1977) 2, S. 50 - 58.

[17] Lange, E.: Die Bedeutung von Kennwerten und Verfahren zur Beurteilung des Umformverhaltens von Feinblechen. Bänder Bleche Rohre 16 (1975) 12, S. 511 - 514 und 17 (1976) 1, S. 9 - 12.

[18] Küppers, W.: Umformverhalten von nichtrostenden Feinblechen. ZwF 74 (1979) 19, S. 523 - 528.

[19] Blom, K.-J.: Press formability of stainless steels. Sheet metal ind. 57 (1980) 1, S. 25 - 29.

[20] Koelzer, H.: Das Verhalten von Tiefziehblechen unter Berücksichtigung der Prüfverfahren. Dr.-Ing.-Diss. TH Braunschweig 1949.

[21] Wilhelm, H.: Zugdruckumformen von Blechen. In: Lange,K.: Lehrbuch der Umformtechnik Bd. 3 Blechumformung. Berlin: Springer 1975.

[22] Schaub, W.: Untersuchungen zum 180°-Biegen von Fein- und Mittelblechen. Ber. aus dem Inst. f. Umformtechnik, Univ. Stgt., Nr. 52. Berlin: Springer 1980.

[23] Panknin, W., Grosch, J.: Der Einfluß des Werkstoffs auf den Bodenreißer beim Tiefziehen unberuhigter Bleche. Bänder Bleche Rohre 10 (1969), S. 339 - 348.

[24] Lankford, W., Snyder, S., Bauscher, J.: New criteria in predicting the press performance of deep drawing sheets. Trans. Amer. Soc. Metals 42 (1950) S. 1197 - 1232.

[25] Whiteley, R., Wise, D., Blickwede, D.: Anisotropy as an asset for good drawability. Sheet Metal Ind. 38 (1961) S. 349 - 353, S. 358.

[26] Falkenstein, H. P., Gruhl, W.: Umformverhalten von Aluminium. Bänder Bleche Rohre 19 (1978) 6, S. 265 - 268.

[27] Lilet, L., Wybo, M.: An Investigation into the Effect of Plastic Anisotropy and Rate of Work-Hardening in Deep-Drawing. Sheet Metal Ind. 41 (1964), S. 783 - 786, S. 791 - 803 und S. 815.

[28] Rennhack, E. H.: How normal anisotropy influences formability of aluminium alloys. Metals Eng. quarterly 16 (1976) 3, S. 58 - 62.

[29] Kleemola, H.-J., Kumpulainen, J. O.: A comparison of the formability of aluminium and steel sheets. Sheet metal ind. 55 (1978) S. 703 - 713.

[30] Riggs, B. A.: Limiting drawing ratio and strain ratio measurement of aluminium alloys. Sheet metal ind. 50 (1973), S. 620 - 652.

[31] Tozawa, G., Kanetake, N.: Distribution of partial drawing and fracturing loads in cup drawing along punch periphery. Annals of the CIRP 28/1 (1979) S. 155 - 158.

[32] Anderson, W. A., Stumpf, H. C.: Eigenschaften und Charakteristika von Aluminiumlegierungen für die Herstellung von Dosen. Aluminium 55 (1979) 7, S. 447 - 451.

[33] Hasek, V. V.: Untersuchung und theoretische Beschreibung wichtiger Einflußgrößen auf das Grenzformänderungsschaubild. Blech Rohre Profile 25 (1978) S. 213 - 220, S. 285 - 291, S. 493 - 499, S. 619 - 627.

[34] Lange, K., Hasek, V.: Das Grenzformänderungsschaubild und seine Anwendung bei Tiefzieh- und Streckziehvorgängen wt. Z. ind. Fert. demnächst.

[35] Suy, J.: Ziehen unregelmäßiger Blechteile. Ind. Anz. 99 (1977) 86, S. 1704 - 1706.

[36] Lange, K.: Lehrbuch der Umformtechnik Bd. 3 Blechumformung. Berlin: Springer 1975.

[37] Oehler, G.: Gestaltung gezogener Blechteile. Berlin: Springer 1966.

[38] Siebel, E., Beisswänger, H.: Tiefziehen. Hanser: München 1955.

[39] Oehler, G., Kaiser, F.: Schnitt-, Stanz- und Ziehwerkzeuge, Berlin: Springer 1966.

[40] Hilbert, H.-L.: Stanzereitechnik Bd. II Umformende Werkzeuge. München: Hanser 1970.

[41] Romanowski, W. P.: Handbuch der Stanzereitechnik. Berlin: VEB Verlag Technik 1959.

[42] Handbuch für die spanlose Formgebung. Göppingen: L. Schuler AG 1964.

[43] Siebel, E., Panknin, W.: Das Tiefziehen im Anschlag. Werkstattstechnik und Maschinenbau 46 (1956), S. 321 - 326.

[44] Anderson, W. A., Blackburn, R. D., Shabel, B. S.: Development of aluminium alloys for body sheet. Aluminium 50 (1974) 12, S. 775 - 778.

[45] Hsu, G. S., Thompson, D. S.: Aluminium sheet alloys for automobile and truck bodies.Sheet metal ind. 51 (1974) 12, S. 772 - 786.

[46] Akeret, R.: Beobachtungen über die Lokalisierung der Verformung in Aluminiumwerkstoffen. Aluminium 54 (1978), S. 385 - 391.

[47] Burley, C. E., Niemeier, B. A.: Denting properties of aluminium autobody components. SAE-Paper Nr. 770 199, Detroit 1977.

[48] Rolf, R. L., Sharp, M. L., Stroebel, H. H.: Structural characteristics of aluminium body sheet. SAE-Paper Nr. 770 200, Detroit 1977.

[49] Niemeier, B. A.: Spring back considerations in forming aluminium. SAE-Paper Nr. 770 205, Detroit 1977.

[50] Miles, F. D., Keen, N. J.: Forming aluminium. Sheet metal ind. 51 (1974) S. 735 - 756.

[51] Neumann, W. D.: Grenzflächenprobleme bei der Verarbeitung von Aluminium. Bänder Bleche Rohre 17 (1976) 5, S. 184 - 187.

[52] Gröner, H., Marx, S.: Aluminium Handbuch. Berlin: VEB-Verlag Technik, 1971.

[53] Aluminium Taschenbuch. Düsseldorf: Aluminium Verlag 1974.

[54] Weltman, W. C., Hart, R. M.: Aluminium Knetlegierungen für den Automobilbau. In: Aluminium und Automobil. Düsseldorf: Aluminium Zentrale 1976.

[55] Lange, K.: A system for the investigation of metal forming processes. Proc. of 10th Int. M.T.D.R. Conf. Univ. of Manchester, 1969, Oxford, London, usw.: Pergamon Press 1970.

[56] Lange, K.: Lehrbuch der Umformtechnik Bd. 1 Grundlagen. Berlin: Springer Verlag 1972.

[57] Kostron, H.: Zur Mathematik des Zugversuchs. Arch. Eisenhüttenw. 22 (1951) 9/10, S. 317 - 325.

[58] Gologranc, F.: Beitrag zur Ermittlung von Fließkurven im kontinuierlichen hydraulischen Tiefungsversuch. Ber. aus dem Inst. f. Umformtechnik, Univ. Stgt., Nr. 31 Essen, Girardet 1975.

[59] Schlosser, D.: Geometrische Eigenschaften tiefgezogener kreiszylindrischer Näpfe. Ber. aus dem Inst. f. Umformtechnik, Univ. Stgt., Nr. 45, Essen: Girardet 1977.

[60] Hasek, V. V.: Versuchswerkzeug zum Bestimmen unterschiedlicher Einflüsse auf den Tiefziehvorgang. Ind. Anz. 99 (1978) 29, S. 517 - 518.

[61] Hasek, V. V.: Möglichkeiten zur Steuerung des Stoffflusses beim Ziehen großer unregelmäßiger Blechteile. Ber. aus dem Inst. f. Umformtechnik, Univ. Stgt., Nr. 56, Berlin: Springer 1980.

[62] Hasek, V., Lange, K.: Einfluß von Werkzeug- und Vorgangsparametern beim Tiefziehen unregelmäßiger Blechteile. wt-Zeitschrift f. ind. Fert. 68 (1978), S. 545 - 553.

[63] Sachs, L.: Statistische Methoden - Ein Soforthelfer. Berlin: Springer 1976.

[64] Hecker, S. S.: Simple technique for determining forming limit curves. Sheet metal ind. 52 (1975) S. 671 - 676.

[65] Hasek, V.: Über den Formänderungs- und Spannungszustand beim Ziehen von großen unregelmäßigen Blechteilen. Ber. aus dem Inst. f. Umformtechnik, Univ. Stgt., Nr. 25, Essen: Girardet 1973.

[66] EUR 5255 d: Gerätemäßige und meßtechnische Voraussetzungen für die Formänderungsanalyse an Feinblechziehteilen. Brüssel: Komm. d. Europ. Gemeinschaften, Generaldirektion Gewerbl. Wirtschaft u. Technologie 1975.

[67] Registration record of international alloy designations and chemical composition limits for wrought aluminium alloys 1974. New York: Aluminium Association 1974.

[68] Rossig, H. H., Ibe, G., Gruhl, W.: Streckgrenzeneffekte in vielkristallinen Aluminium-Magnesium-Legierungen. Metall 28 (1974) 3, S. 232 - 237 und 4, S. 357 - 362.

[69] Altenpohl, D.: Aluminium und Aluminiumlegierungen. Berlin: Springer 1965.

[70] Akeret, R.: A fully annealed AlMgZn alloy free of stretcher strain marks and of stress corrosion. Memoires Scientifiques Revue Metallurgie 77 (1980) 3, S. 397 - 402.

[71] Hamel, H. J.: Einfluß der Dehngeschwindigkeit auf die Eigenschaften von vielkristallinem Aluminium und -legierungen. Metall 28 (1974) 3, S. 238 - 245.

[72] Hiam, J., Lee, A.: Factors imfluencing forming limit curves of sheet steel. Sheet metal ind. 55 (1978) S. 631 - 658.

[73] Kleemola, H. J., Kumpulainen, J. O.: Factors influencing the forming limit diagram. Journal of Mech. Working Technology 3 (1980) S. 289 - 302 und S. 302 - 311.

[74] Jalinier, J. M. et al.: Differents endommagements et leur influence sur les procedes de formage. Les memoires scientifiques de la revue de metallurgie 77 (1980) 3, S. 313 - 323.

[75] Müschenborn, W., Sonne, H. M.: Einflüsse auf die Grenzformänderungskurve von Stahlblech, ermittelt mit Hilfe der Filmtechnik. Thyssen Technische Berichte (1979) 2, S. 126 - 132.

[76] Drewes, E. J., Martini, A.: Einfluß der Umformgeschwindigkeit auf die Grenzformänderungen und die Formänderungsverteilung von Feinblech. Arch. Eisenhüttenw. 47 (1976) 3, S. 167 - 172.

[77] Duncan, J. L., Shabel, B. S., Gerbase Filho, J.: A tensile strip test for evaluating friction in sheet metal forming. Aluminium 54 (1978) 9, S. 585 - 588.

[78] Reihle, M.: Verhalten des Gleitreibungskoeffizienten von Tiefziehblechen bei hohen Flächenpressungen. Dr.-Ing.-Diss. TH Stuttgart 1959.

[79] Dutschke, W.: Grundlagen des Tiefziehens nicht rotationssymmetrischer prismatischer Teile. Dr.-Ing.-Diss., TH Stuttgart, 1953.

[80] Glöckl, H.: Ermittlung der Platinenform von Ziehteilen mit Hilfe der Gleitlinientheorie. In: Tagungsbroschüre: Neuere Entwicklungen in der Blechbearbeitung. Stuttgart Forschungsinstitut Umformtechnik 1980.

[81] Hilbert, H. L.: Einflußwulste und Ziehstäbe in Stanzerei-Großwerkzeugen. Werkstatt und Betrieb 105 (1970), S. 463 - 465.

[82] Weidenmann, C.: The blankholding action of draw beads. Sheet metal ind. 55 (1978) S. 984 - 989.

[83] Doege, E., Witthüser, K.-P., Joos, H. G.: Prüfverfahren zur Beurteilung der Reibungsverhältnisse beim Tiefziehen. In: 10. Umformtechnisches Kolloquium, Hannover: Hannoversches Inst. f. Fertigungsfragen 1980.

[84] Coupland, H. T., Wilson, D. V.: Speed effects in deep drawing. Sheet metal ind. 35 (1958), S. 85 - 193, S. 108.

[85] Panknin, W.: Der Einfluß der Ziehgeschwindigkeit auf das Tiefziehen im Anschlag. Blech 6 (1959) 9, S. 391 - 396.

[86] Kotthaus, H.: Untersuchung über die Übertragbarkeit von Versuchsergebnissen an Modellen auf Großwerkzeugen beim Tiefziehen zyl. runder Teile. Dr.-Ing.-Diss. TH Stuttgart, 1955.

[87] Reihle, H.: Ein einfaches Verfahren zur Aufnahme der Fließkurven von Stahl bei Raumtemperatur. Arch. Eisenhüttenw. 32 (1961), S. 331 - 336.

[88] Siegert, K.: Beispiele für die Anwendung von Aluminium im Karosseriebau. Int. Symp. Aluminium und Automobil Düsseldorf: Aluminium-Zentrale 1980.

[89] Arbel, C.: Die Beziehungen zwischen den Tiefzieheigenschaften von Metallen und den Ergebnissen des Zugversuchs. Stahl und Eisen 70 (1950) S. 1118 - 1119.

[90] Ziegler, W.: Die Bedeutung des Werkstoffs für die Grenzformänderung beim Tiefziehen metallischer Werkstoffe. Dr.-Ing.-Diss., TU Berlin 1966.

[91] Zünkler, B.: Der Einfluß der Werkstoffverfestigung auf die Ziehkraft und das Grenzziehverhältnis beim Tiefziehen. Blech 20 (1973) S. 343 - 346.

[92] Reissner, J., Mülders, H., Plänker, E.: Fließortkurve und Anisotropie. Bänder Bleche Rohre (1980) 3, S. 95 - 98.

[93] Steck, E.: Plastizitätstheoretische Verfahren in der Umformtechnik. In: Kolloquium Umformtechnik, Institut für Umformtechnik der Universität Stuttgart, 1979.

Berichte aus dem Institut für Umformtechnik der Universität Stuttgart

Herausgeber Professor Dr.-Ing. Kurt Lange

1 **Untersuchung über den Einfluß der Belastungszeit auf die Streuung der Rückfederung von Biegeteilen**
Von Dipl.-Ing. Klaus Tafel. 70 Seiten Text u. 64 Seiten mit 49 Bildern u. 15 Tafeln. Vergriffen

2/3 **Untersuchungen über das freie Napfen**
Von Dipl.-Ing. Gerhard Schmitt und Dipl.-Ing. Dieter Schmoeckel.
Untersuchungen über den Kraft- und Arbeitsbedarf sowie den Umformwirkungsgrad beim Vorwärts-Vollfließpressen von Stahl
Von Dipl.-Ing. Dieter Kast. 40 Seiten Text u. 43 Seiten mit 47 Bildern u. 5 Tafeln. 28,— DM

4 **Untersuchungen über die Werkzeuggestaltung beim Vorwärts-Hohlfließpressen von Stahl und Nichteisenmetallen**
Von Dipl.-Ing. Dieter Schmoeckel. 72 Seiten Text u. 117 Seiten mit 179 Bildern. 39,— DM

5 **Untersuchungen über das Stauchen und Zapfenpressen**
Von Dipl.-Ing. Märten Burgdorf. 126 Seiten Text u. 58 Seiten mit 138 Bildern u. 4 Tafeln. 55,— DM

6 **Untersuchungen über die Streuung der Kräfte und Arbeiten beim Fließpressen in der laufenden Fertigung und den Einfluß der Phosphatschichtdicke und des Schmiermittels**
Von Dipl.-Ing. Hans-Dietrich Witte. 38 Seiten Text u. 48 Seiten mit 49 Bildern. 30,— DM

7 **Untersuchungen über das Rückwärts-Napffließpressen von Stahl bei Raumtemperatur**
Von Dipl.-Ing. Gerhard Schmitt. 132 Seiten Text u. 93 Seiten mit 130 Bildern u. 5 Tafeln. 34,— DM

8 **Die Abbildegenauigkeit beim Biegen im 90°-V-Gesenk und ihre Beeinflussung durch Nachdrücken im Gesenk durch Nachdrücken im Gesenk**
Von Dipl.-Ing. Eckart Dannenmann. 50 Seiten Text u. 31 Seiten mit 28 Bildern u. 1 Tafel. Vergriffen

9 **Untersuchungen über den Zusammenhang zwischen Vickershärte und Vergleichsformänderung bei Kaltumformvorgängen**
Von Dipl.-Ing. Hans Wilhelm. 50 Seiten Text u. 35 Seiten mit 37 Bildern u. 2 Tafeln. Vergriffen

10 **Untersuchungen über das Abstreckziehen von zylindrischen Hohlkörpern bei Raumtemperatur**
Von Dipl.-Ing. Rolf K. Busch. 86 Seiten Text u. 92 Seiten mit 97 Bildern. Vergriffen

11 **Vorgänge beim elektromagnetischen und elektrohydraulischen Umformen von metallischen Werkstücken**
Von Dipl.-Ing. Herbert Müller. 90 Seiten Text u. 110 Seiten mit 93 Bildern u. 10 Tafeln. 22,— DM

12 **Ein Verfahren zur näherungsweisen Berechnung des Spannungs- und Formänderungszustandes beim Fließen starrplastischer Werkstoffe**
Von Dipl.-Ing. Gerhard Adler. 124 Seiten Text u. 76 Seiten mit 72 Bildern. Vergriffen

13 **Modellgesetzmäßigkeiten beim Rückwärtsfließpressen geometrisch ähnlicher Näpfe**
Von Dipl.-Ing. Dieter Kast. 101 Seiten Text u. 73 Seiten mit 60 Bildern u. 6 Tafeln. Vergriffen

14 **Untersuchungen über das Genauschneiden von Stahl und Nichteisenmetallen**
Von Dipl.-Ing. Wilfried Krämer. 96 Seiten Text u. 132 Seiten mit 128 Bildern u. 10 Tafeln. Vergriffen

15 **Entwicklung und Erprobung eines Simulators zur reproduzierbaren Nachahmung der Kraft-Weg-Verläufe von Umformvorgängen**
Von Dipl.-Ing. Kurt Schmid. 88 Seiten Text u. 38 Seiten mit 35 Bildern u. 2 Tafeln. 17,— DM

16 **Walzrichten von Metallbändern mit symmetrisch angestellter Fünf-Walzen-Richtmaschine**
Von Dipl.-Ing. Hans-Dietrich Witte. 108 Seiten Text u. 63 Seiten mit 60 Bildern u. 8 Tafeln. 22,— DM

17/18 **Erzeugung räumlicher Blechgebilde mittels Flächenbiegung**
Konstruktion, Abwicklung und Herstellung von Schraubtorsen aus Blech
Von Prof. Dr.-Ing. E. h. Dr. techn. h. c. Otto Kienzle.
120 Seiten Text u. 55 Seiten mit 86 Bildern u. 3 Tafeln. 22,— DM

19 **Einfluß der Alterung auf die mechanischen Eigenschaften von Stählen zum Kaltfließpressen**
Von Dipl.-Ing. Vladimir Hasek, CSc. 43 Seiten Text u. 54 Seiten mit 50 Bildern u. 3 Tafeln. 16,— DM

20 **Beitrag zur Frage der Spannungen, Formänderungen und Temperaturen beim axialsymmetrischen Strangpressen**
Von Dipl.-Ing. Rolf Dalheimer. 118 Seiten Text u. 76 Seiten mit 79 Bildern u. 3 Tafeln. Vergriffen

21 **Über den Einfluß der Werkzeuggeschwindigkeit auf den Stauchvorgang**
Von Dipl.-Ing. H.-J. Metzler. 127 Seiten Text u. 100 Seiten mit 94 Bildern u. 6 Tafeln. 25,— DM

22 **Numerische Behandlung von Verfahren der Umformtechnik**
Von Dr.-Ing. Elmar Steck. 67 Seiten Text u. 22 Seiten mit 43 Bildern. 16,— DM

23 **Ein Verfahren zur näherungsweisen Berechnung der Wärmeentwicklung und der Temperaturverteilung beim Kaltstauchen von Metallen**
Von Dipl.-Ing. Walther Pohl. 78 Seiten Text u. 51 Seiten mit 61 Bildern u. 4 Tafeln. 21,— DM

24 **Untersuchungen über das Drückwalzen zylindrischer Hohlkörper und Beitrag zur Berechnung der gedrückten Fläche und der Kräfte**
Von Dipl.-Ing. Hans-Jürgen Dreikandt. 161 Seiten Text u. 79 Seiten mit 73 Bildern u. 6 Tafeln. Vergriffen

25 **Über den Formänderungs- und Spannungszustand beim Ziehen von großen unregelmäßigen Blechteilen**
Von Dipl.-Ing. Vladimir Hasek, CSc. 129 Seiten Text u. 106 Seiten mit 109 Bildern u. 9 Tafeln. 35,— DM

26 **Über die Anisotropie des plastischen Verhaltens stranggepreßter Stäbe aus hexagonalen Metallen**
Von Dipl.-Ing. Günther Schröder. 129 Seiten Text u. 75 Seiten mit 97 Bildern u. 2 Tafeln. Vergriffen

27 **Die Messung der mechanischen Kontaktspannung in der Wirkfuge Werkzeug — Werkstück bei Umformverfahren**
Von Dipl.-Ing. Fritz Dohmann. 99 Seiten Text u. 82 Seiten mit 93 Bildern u. 4 Tafeln. Vergriffen

28 **Beitrag zur rechnerunterstützten Auslegung von Pressengestellen**
Von Dipl.-Ing. Manfred Geiger. 94 Seiten u. 56 Seiten mit 63 Bildern. Vergriffen

29 **Untersuchungen über das Aufweittiefziehen**
Von P. S. Raghupathi, M. E. ISBN 3-7736-0780-6.
80 Seiten Text u. 54 Seiten mit 73 Bildern u. 2 Tafeln. 32,— DM

30 **Faltenbildung als Verfahrensgrenze beim Stauchen von Hohlkörpern**
Von Dipl.-Ing. Klaus Dieterle. ISBN 3-7736-0781-4.
55 Seiten Text u. 35 Seiten mit 43 Bildern u. 3 Tafeln. 28,— DM

31 **Beitrag zur Ermittlung von Fließkurven im kontinuierlichen hydraulischen Tiefungsversuch**
Von Dipl.-Ing. Franc Gologranc. ISBN 3-7736-0785-7.
125 Seiten Text u. 58 Seiten mit 95 Bildern u. 6 Tafeln. Vergriffen

32 **Untersuchungen an Strangpreßmatrizen**
Von Dipl.-Ing. Klaus Gieselberg. ISBN 3-7736-0786-5.
101 Seiten Text u. 56 Seiten mit 69 Bildern. 45,— DM

33 **Beitrag zur Messung der Strangoberflächentemperatur beim Strangpressen**
Von Dipl.-Ing. Karl-Heinz Friedrich. ISBN 3-7736-0787-3.
83 Seiten Text u. 90 Seiten mit 84 Bildern u. 3 Tafeln. 48,— DM

34 **Über das Umformverhalten von Blechen aus Titan und Titanlegierungen**
Von Dipl.-Ing. Hans Wilhelm. ISBN 3-7736-0788-1.
107 Seiten Text u. 69 Seiten mit 76 Bildern u. 13 Tafeln. 48,— DM

35 **Untersuchung der magnetischen Induktion, Stromdichte und Kraftwirkung bei der Magnetumformung**
Von Dipl.-Ing. Volker Schmidt. ISBN 3-7736-0789-X.
60 Seiten Text u. 53 Seiten mit 84 Bildern. 21,— DM

36 **Der Stofffluß beim kombinierten Napffließpressen**
Von Dipl.-Ing. Rolf Geiger. ISBN 3-7736-0790-3.
111 Seiten Text u. 74 Seiten mit 80 Bildern u. 6 Tafeln. Vergriffen

37 **Beitrag zum Verhalten superplastischer Werkstoffe beim Massivumformen**
Von Dipl.-Ing. Hans Schelosky. ISBN 3-7736-0791-1.
123 Seiten Text u. 61 Seiten mit 60 Bildern u. 4 Tafeln. 48,— DM

38 **Energieumsatz beim elektrohydraulischen Umformen**
Von Dipl.-Ing. Hans-Joachim Weckerle. ISBN 3-7736-0792-X.
103 Seiten Text u. 46 Seiten mit 56 Bildern. 45,— DM

39 **Elastische Wechselwirkungen an Gestell und Hauptgetriebe weggebundener Pressen**
Von Dipl.-Ing. Lutz Schemperg. ISBN 3-7736-0793-8.
91 Seiten Text u. 58 Seiten mit 65 Bildern u. 3 Tafeln. 45,— DM

40 **Über das plastische Verhalten von Sintermetallen bei Raumtemperatur**
Von Dipl.-Ing. Hartmut Höneß. ISBN 3-7736-0794-6.
84 Seiten Text u. 54 Seiten mit 67 Bildern u. 2 Tafeln. 45,— DM

41 **Untersuchungen zum Halbwarmfließpressen von Stahl**
Von Dr.-Ing. Rolf Geiger, Dipl.-Ing. Eckart Dannenmann und Dipl.-Ing. Jean Stefanakis.
ISBN 37736-0795-4. 50 Seiten Text u. 33 Seiten mit 34 Bildern u. 2 Tafeln. Vergriffen

42 **Änderung der Werkstoffeigenschaften beim Ziehen von zylindrischen Hohlkörpern aus austenitischen und ferritischen nichtrostenden Stählen**
Von Dipl.-Ing. Rolf Zeller. ISBN 3-7736-0796-2.
80 Seiten Text u. 52 Seiten mit 34 Bildern u. 2 Tafeln. 38,— DM

43 **Untersuchungen über das Fließpressen superplastischer Werkstoffe**
Von Dr.-Ing. Hans Schelosky. ISBN 3-7736-0797-0.
36 Seiten Text u. 24 Seiten mit 26 Bildern u. 1 Tafel. 30,— DM

44 **Umformende Bearbeitung in flexiblen Fertigungssystemen**
Von Dipl.-Ing. Hartmut Kaiser. ISBN 3-7736-0798-9.
87 Seiten Text u. 24 Seiten mit 47 Bildern. 36,— DM

45 **Geometrische Eigenschaften tiefgezogener kreiszylindrischer Näpfe**
Von Dipl.-Ing. Dieter Schlosser. ISBN 3-7736-0799-7.
107 Seiten Text u. 64 Seiten mit 60 Bildern u. 9 Tafeln. 48,— DM

46 **Die Eigenschaften einer AlZnMgCu-Legierung nach ausgewählten Kombinationen von Wärmebehandlung und Kaltumformung**
Von Dipl.-Ing. Karl Hankele. ISBN 3-7736-0880-2.
86 Seiten Text u. 51 Seiten mit 52 Bildern u. 4 Tafeln. 45,— DM

47 **Kaltmassivumformen von Sintermetall**
Von Dipl.-Ing. Hans Dieter Schacher. ISBN 3-7736-0881-0.
84 Seiten Text u. 44 Seiten mit 47 Bildern u. 5 Tafeln. 42,— DM

48 **Rechnerunterstützte Arbeitsplanerstellung und Kostenrechnung beim Kaltmassivumformen von Stahl**
Von Dipl.-Ing. Peter Noack. ISBN 3-7736-0882-9.
216 Seiten Text u. 116 Seiten mit 134 Bildern u. 23 Tafeln. 65,— DM

49 **Beitrag zur beanspruchungsgerechten Auslegung von rotationssymmetrischen Fließpreßmatrizen**
Von Dipl.-Ing. Günther Krämer. ISBN 3-7736-0883-7.
94 Seiten Text u. 53 Seiten mit 56 Bildern. 48,— DM

50 **Erzeugung gratfreier Schnittflächen durch Aufteilen des Schneidvorgangs (Konterschneiden)**
Von Dipl.-Ing. Heinz Liebing. ISBN 3-7736-0884-5.
87 Seiten Text u. 51 Seiten mit 55 Bildern u. 4 Tafeln. 46,— DM

Die Berichte 1 bis 28 sind zu beziehen durch das Institut für Umformtechnik, Holzgartenstr. 17, 7000 Stuttgart 1
Die Berichte 29 bis 50 sind zu beziehen durch den Verlag W. Girardet, Postfach 9, 4300 Essen

51 **Berechnung der elastischen Eigenschaften von Baugruppen im Pressenbau**
Von Dipl.-Ing. Herbert Blum. ISBN 3-540-09804-6.
151 Seiten mit 55 Abbildungen. 48,— DM

52 **Untersuchung der Verfahrensgrenzen beim 180°-Biegen von Fein- und Mittelblechen**
Von Dipl.-Phys. Wolfgang Schaub. ISBN 3-540-09881-X.
65 Seiten mit 24 Abbildungen. 38,— DM

53 **Abstreckgleitziehen von nichtrostenden austenitischen Stählen**
Von Dipl.-Ing. Jobst-H. Kerspe. ISBN 3-540-09882-8.
109 Seiten mit 36 Abbildungen. 43,— DM

54 **Fließpressen von Stahl im Temperaturbereich 773 K (500 °C) bis 1073 K (800 °C)**
Von Dipl.-Ing. Ulrich Diether. ISBN 3-540-09959-X.
165 Seiten mit 80 Abbildungen. 48,— DM

55 **Die numerisch gesteuerte Radial-Umformmaschine und ihr Einsatz im Rahmen einer flexiblen Fertigung**
Von Dipl.-Ing. Peter Metzger. ISBN 3-540-10073-3.
158 Seiten mit 65 Abbildungen. 43,— DM

56 **Möglichkeiten zur Steuerung des Stoffflusses beim Ziehen großer unregelmäßiger Blechteile**
Von Dr.-Ing. Vladimir V. Hasek, CSc. ISBN 3-540-10074-1.
193 Seiten mit 96 Abbildungen. 48,— DM

57 **Beitrag zur Arbeitsgenauigkeit des Kaltmassivumformens**
Von Dipl.-Ing. Herbert Leykamm. ISBN 3-540-10363-5.
165 Seiten mit 84 Abbildungen und 5 Tabellen. 48,— DM

58 **Untersuchungen über das Verjüngen von zylindrischen Vollkörpern**
Von Dipl.-Ing. Helmut Binder. ISBN 3-540-10466-6.
146 Seiten mit 50 Abbildungen und 3 Tabellen. 43,— DM

59 **Umformverhalten legierter Sintereisen**
Von Dipl.-Ing. Manfred Stilz. ISBN 3-540-11051-8.
170 Seiten mit 75 Abbildungen und 5 Tabellen. 48,— DM

60 **Interaktives Programmsystem zur Erstellung von Fertigungsunterlagen für die Kaltmassivumformung**
Von Dipl.-Ing. Michael Rebholz. ISBN 3-540-11052-6.
121 Seiten mit 46 Abbildungen. 43,— DM

61 **Beitrag zum Ziehen von Blechteilen aus Aluminiumlegierungen**
Von Dipl.-Ing. Michael Blaich. ISBN 3-540-11067-4.
141 Seiten mit 64 Abbildungen und 5 Tabellen. 43,— DM

Die Berichte 51 und folgende sind zu beziehen durch den Springer-Verlag, Berlin Heidelberg New York

GPSR Compliance

The European Union's (EU) General Product Safety Regulation (GPSR) is a set of rules that requires consumer products to be safe and our obligations to ensure this.

If you have any concerns about our products, you can contact us on ProductSafety@springernature.com

In case Publisher is established outside the EU, the EU authorized representative is:

Springer Nature Customer Service Center GmbH
Europaplatz 3
69115 Heidelberg, Germany

Batch number: 10682421

Printed by Printforce, the Netherlands